鳥のはなし

人と鳥の
心温まる物語

松本壯志

WAVE出版

言葉は
わからなくても、
心は通じるよ

たくさん
遊ばせてね。
ボクはほめられて
伸びるタイプなんだ

愛情たっぷりの、
バランスのいい
食事を食べさせてね

ずっと
ケージの中じゃ
飽きちゃうから、
外の世界も
見てみたいな

いっぱい話を
聞かせて。
話し相手は
あなただけだから

ボクが
本気で噛んだら
ケガするよ。
噛まないけどね

わたしが
年をとっても
お世話してね。
さいごまで
一緒にいたいから

お星さまへの
旅立ちのときは
必ず見送って。
だってあなたを
愛しているから

鳥のはなし——人と鳥の心温まる物語

はじめに

インコやオウム、そして文鳥などのフィンチ類をコンパニオンバードとして迎える方が、いまとても増えています。鳥の〝ブーム〟といってもよいかもしれません。人気の理由には、なによりも鳥がとても愛情が深く賢いことが、広く知れ渡ってきたということがありそうです。

鳥は見た目も美しくかわいらしい動物。しかし鳥との生活は、楽しいことばかりではありません。人気のあるインコ、オウムの鳴き声は大きく、美しいとはいえないことも。場合によってはご近所迷惑になってしまうこともあるでしょう。また知能が高くゆたかな感情をもっているがゆえ、感受性が強く、さびしさや嫉妬などの精神的なストレスから、自らの羽根を抜いてしまう子もいます。

さらに、あまり知られていないことですが、インコ、オウムはとても長生き。五〇年以上の寿命をもつ種類もたくさんいます。海外ではなんと一〇〇歳を越えた長寿インコもいるそうです。しかし、鳥たちが長命になればなるほど、「最期まで責任を持つ」ことをいったいどれだけの飼い主さんが果たせるでしょうか？

　私が東京・池袋に鳥の専門店「CAP《キャップ》!」を開いたのは一九九六年のことでした。二〇〇〇年には、飼い鳥のレスキュー&里親探しの活動をおこなう「TSUBASA《ツバサ》」をつくりました。それから二〇年近く鳥と関わってきて、人と鳥の生き様と向き合いつづけてきましたが、そこには飼い主さんと飼い鳥という単純な関係では語りつくせない、かずかずのドラマがありました。

　保護された鳥たちが暮らす「とり村」の代表としてこの本を執筆するにあたり、エピソードを紹介させていただいた飼い主さんに心より御礼を申し上げます。

　本書ではたくさんの実話の中から一一篇を選びました。出会い、別れ、よろこび、悲しみ。それぞれのテーマは異なりますが、そのすべてが愛にあふれたドラマです。

　鳥を愛するすべての方に、もっと鳥のことを知ってほしい。そして、この本で紹介する鳥にまつわる物語――鳥のはなし――を、ひとりでも多くの方にお読みいただけたらと願っています。

鳥 の は な し　も く じ

ブックデザイン　mill design studio 原てるみ
口絵写真　愛鳥写真家 おぴ〜@とうもと
イラスト　p-jet やべともこ
本文DTP　NOAH

この本に掲載されているエピソードは、すべて実話に基づいていますが、登場する人も鳥も仮名です。また飼い主さんが特定できないように、鳥種を実際とは異なる種類に置き換え、設定を変更しているエピソードもあることをあらかじめご了承願います。

Chapter
1

コワクナイヨ

もし、あなたが余命宣告を受けたらどうしますか?

一二月も押し詰まったある日、私たちの保護施設に九州在住の五〇歳代の男性から電話で相談がありました。その方のお名前は高伊さんといいます。

事情があって一緒に暮らしているヨウムを手放したい……というお話でした。

「ヨウムになにか問題があるのですか?」

私は問いかけました。

「いえ、ヨウムには何も問題はありません」

では、どうして?

「私の健康問題です」

そう言うと、高伊さんはそのまま黙ってしまいました。

こちらの次の質問を待っていたのかもしれませんが、私もなにを話していいか戸惑ってしまいました。「もうこれ以上、聞かないで」という雰囲気を感じたのです。

「それでは、あとはメールでやりとりさせていただけますか」

私にはそれしか言えませんでした。

ぎごちなく電話を切ったあと、私はすぐに教えていただいたアドレスにメールをしました。電話での非礼をお詫びし、ストレートに健康問題をうかがったのです。保護活動をおこなう私たちの願いは、飼い主さんには愛する鳥さんといつまでも一緒にいてほしい、ということに尽きます。

でも、もしも飼い主さんに健康上の問題があるならば、病気がよくなるまであずかることにためらいはありません。

ところが、高伊さんはかたくなでした。

「私の病気は治りません」

そう、はっきりとメールに書いてこられました。さらに、

「心臓の病気です。いますぐにでも心臓が止まってしまうかもしれないのです」

文面から、高伊さんのつらい気持ちが伝わってくるようでした。

ヨウムの名前はモヨちゃん。三歳の男の子です。

ずば抜けた知能をもつアメリカの天才ヨウム「アレックス」が、人間と会話を楽しんでいる様子をテレビで見て感動したのです、と高伊さんは教えてくれました。

すでに両親を亡くされ、兄弟もなく、親戚とはほとんど交流がないという高伊さん。もしかするとアレックスのように会話が楽しめるヨウムを、心のよりどころにしたかったのかもしれません。

モヨちゃんを引き受けるにあたって、食事のことや過去の病歴の有無、性格、おしゃべりのことなどいろいろなことを知る必要がありました。

これらの問いに対して高伊さんは、とても具体的にわかりやすく説明をしてくださいました。高伊さんのメールの返事はとてもはやく、必ずその日のうちには返信が届いていました。

メールでのやりとりのなかで私は高伊さんのあたたかい人柄に触れることがで

きました。神様はどうしてこんなに誠実でひたむきな人から、かけがえのない尊い命を奪おうとするのでしょうか……。

私とのやりとりを重ねていくことは、高伊さんにとっては愛するモヨちゃんとのお別れが近づいていることを意味していました。

最初の電話から約二カ月。いよいよその日がやってきました。

約束の時間どおりに、待ち合わせ場所に高伊さんがやってこられました。鳥用の大きなケージを持っているので、初めて会う方でもすぐに見当がつきます。

高伊さんは私が想像していたとおり、とても誠実そうな方でした。それまでに何度もメールでやりとりをしていたせいか、初対面とは思えず、以前から親しくしている愛鳥家仲間と話をしているような不思議な錯覚に陥りました。

私たちはモヨちゃんのケージをはさんで向かい合い、言葉をかわしました。

モヨちゃんのお世話の引き継ぎはメールでほとんど終わっていたので、いよいよお別れです。

手放す飼い主さんにとっても、引き受ける私にとってもいちばん辛い瞬間《とき》です。
高伊さんは、言葉をしぼり出すようにモヨちゃんに向かって話しかけました。

「モヨ……元気でな……。いい人と巡り会って、幸せになるんだぞ」

言い終えるやいなや、人通りが多いなか、高伊さんは人目をはばからずワンワン泣き出されました。近くを通りかかった人たちは、大人の男性が突然泣き崩れるのを見て、何事かとあっけにとられています。

モヨちゃんは、「どうしたの？」とでも言いたそうに、小首をかしげ、高伊さんを見つめています。
私もどうすればいいか、どう慰めればいいのかもわからず、結局何もできずに立ち尽くすばかりでした。

コワクナイヨ

どのくらいの時間がたったでしょうか。高伊さんの泣き声は小さくなり、やがて何も聞こえなくなりました。

高伊さんは立ち上がって顔を私たちに向けると、「よろしくお願いします」と、赤い目をされながらもはっきりした声で言いました。先ほどまでの姿がうそのような毅然たる態度に、高伊さんの決意があらわれているようでした。

そして、高伊さんはそのままきびすを返し、一度も振り返ることなく早足で去っていかれました。

私はこれまでもたくさんの鳥を引きとってきましたが、こんなに胸をしめつけられるような悲しい別れは、経験したことがありませんでした。とてもつらい出来事でした。


引きとったモヨちゃんはまず四五日間、検疫《けんえき》をおこないます。検疫は、引きとった鳥が病気をもっていないかどうかを調べるために、他の鳥と交わらない場所に一定期間隔離してお世話することです。鳥には犬、猫のようなワクチンがありませんので、感染症などの怖い病気をもっていた場合、ほかの鳥に蔓延してしまうおそれがあるのです。

検疫が終わると本来であればその後、保護施設に迎えることになるのですが、モヨちゃんと高伊さんのことが気になっていたので、わが家で二カ月ほどお世話をすることにしました。


「ここがモヨちゃんのお部屋だよ」

モヨちゃんがわが家に来た日のこと。私は家の中を案内しながら、モヨちゃんの入ったケージをそっと床に置きました。

すると、モヨちゃんは室内を見回すようなそぶりを見せながら、ささやくような声で初めておしゃべりをしたのです。


「……クナイヨ」


え？　いま、なんて……？

はっきりと聞き取れなかった私は「モヨちゃん、なあに？」と聞き返しました。

「コワクナイヨ」

まちがいありません。モヨちゃんは「怖くないよ」とおしゃべりしていました。そして、その声は元飼い主である高伊さんの声そのものでした。

それから二週間ほどたったころ、関東地方で震度三の地震がありました。

モヨちゃんは地震にとてもおどろき、ケージの中で風切り羽根が数本抜けるくらい暴れました。

私は「大丈夫、大丈夫だよ」とモヨちゃんに声をかけて、少しでも気持ちを落ち着かせようとしました。

するとモヨちゃんがあのささやくような声でまたおしゃべりしたのです。

「コワクナイヨ」

これは私の想像ですが、高伊さんはモヨちゃんをお迎えしたばかりのとき、不安だらけのモヨちゃんを落ち着かせるため、何度も「怖くないよ」と話しかけていたのではないでしょうか。もしかしたら高伊さん自身も、死の恐怖から逃れるために「怖くないよ」と自分に言い聞かせていたのかもしれません。

不安になると、モヨちゃんはきっと高伊さんのことを思い出しているのでしょう。モヨちゃんの「コワクナイヨ」というおしゃべりは、モヨちゃんにとっても高伊さんにとっても、特別なメッセージだったのかもしれません。

私は「コワクナイヨ」という言葉に、高伊さんとモヨちゃんの絆を強く感じていました。

その後、モヨちゃんは新しい飼い主さんが決まり、とても幸せに暮らしています。新しい飼い主さんのお宅でも、お迎えしたばかりのとき、モヨちゃんは「コワクナイヨ」とおしゃべりしたそうです。

モヨちゃんを引きとったあと、高伊さんとはまったく連絡がとれなくなりました。私にモヨちゃんを引き渡したとき、高伊さんはすべての想いを断ち切られたのかもしれません。

モヨちゃんの心の中に、高伊さんはいつまでも一緒にいるのです。

Chapter 2

すてきな変身

いっちゃんは不思議な女の子です。

そのころ、私は飼い鳥専門のショップを開いていました。ショップには当時、文鳥や小型のセキセイインコから大型のコンゴウインコまで約三〇種類、合計一〇〇羽以上の鳥がいました。

いっちゃんは、週に一、二回くらいショップに遊びに来る常連さんでしたが、私たちスタッフが気づけばそこにいるという具合で、入り口に張りついていてもいないかぎり、「いつ」来たのか、そして、「いつ」帰ったのか、わかりませんでした。

そんな彼女を私たちはいつからか「いっちゃん」と呼ぶようになりました。たぶん中学生になったばかりくらいでしょう。いっちゃんはいつも、店内の止まり木にとまっている鳥たちをちょっと離れたところから眺めていました。

「どの鳥が好き?」

鳥を手に乗せてあげようとしても、いっちゃんは顔をこわばらせ、拒むようにあとずさってしまいます。

私たちのお店には、うれしいことにただ世間話をしにいらっしゃってくださるお客様も多いのですが、いっちゃんはだれがあいさつしても、はにかみながら、すっと視線から逃れるようにその場を離れてしまうことがつねでした。どちらかというと、あまり話しかけずに少し距離を置いたほうがよさそうな感じです。

これだけよく来てくださるのに、スタッフのだれもいっちゃんとまともに話をしたことはありませんでした。

いっちゃんがお店に出入りするようになって約半年が過ぎたころです。いつもひとりで来店するのに、その日は四〇歳代くらいの女性と一緒でした。雰囲気がどことなくいっちゃんに似ていたので、お母さんかな、と思いました。

しかし、話しはじめると、いっちゃんとはまったく正反対でした。明るくハキハキと言葉をたたみかけるように話されます。

「いつも娘がお世話になっています。この子は人前でしゃべらないのでご迷惑をおかけしませんでしたか？」

やはりお母さんでした。

「いえいえ、そんなことはまったくないですよ」

私が全部言い終わらないうちに、お母さんは続けて質問をされました。

「オカメインコという鳥はどれですか?」

ちょうど近くの止まり木にオカメインコがとまっていたので、私は「この鳥ですよ」とご案内しました。

お母さんは私が指さしたオカメインコのほうを見ながら、さらに言いました。

「じつは娘が、オカメインコがほしいと言っているのですが……娘に面倒が見られるでしょうか?」

するとその言葉にいっちゃんが即座に反応し、いままで見たことのないような毅然とした表情をしたのです。その顔から「大丈夫!」という強い意志を私は感じました。もちろん、思いだけでは動物の世話はできませんから、お母さんが心配される気持ちもよくわかります。

しかし、半年間いっちゃんを見てきて、彼女の人柄、まじめさなどを感じていた私は、「大丈夫だと思います」とお母さんに伝えました。

お母さんもある程度覚悟を決めていたようで、さっそく何羽かいるオカメインこのなかからいっちゃんにどの子がいいかたずねました。

はじめからいっちゃんの心の中では、決まっていたのでしょう。

いっちゃんは「この子！」と言わんばかりに一羽のオカメインコを指し示しました。その子をいつも眺めていたので、予想どおりでした。

そのオカメインコはおとなしく、とても人になついていましたので何も問題はなさそうです。お母さんはわが子を少しおどろいたような目で見つめながらも、なんだかうれしそうでした。


私たちのショップには、一週間のホームステイという制度がありました。これは、鳥を正式にお迎えする前のおためし期間のようなものです。ショップでは問題がなさそうだったのに、実際にお家に連れて帰ったら、予想とはちがっていたということがまれにあるからです。

たとえば、鳴き声が想像以上に大きかった。ショップではおとなしかったのに噛みついた。食事をいっさい食べない。ずっとおびえている……などがないとは言い切れません。もし、このような状態が続いてしまうと、飼い主さんも鳥もおたがい不幸になってしまいます。万が一このようなことがあっても、一週間のホームステイ中であれば、ショップにお返ししてもらうことができるという制度です。

オカメインコも、いっちゃんのお家でホームステイを始めました。少し気がかりでしたが、一週間のホームステイが終わるころ、お母さんから正式にお迎えしたいという連絡がありました。

その連絡を受けて私は胸をなでおろしました。

じつは、ちょっと心配していたことがあったのです。それは、いっちゃんとオカメインコが仲良くできるかどうか、ということでした。

ショップでは、いっちゃんがオカメインコを手に乗せたこともありませんでしたし、話しかけたところも見たことがありませんでした。ただ、離れたところから眺めているだけ。いっちゃんがオカメインコにどんな接し方をするのか、想像ができず、気がかりだったのです。

もちろん言葉による会話ではなく、ボディランゲージや口笛などでもコミュニ

すてきな変身

ケーションはとれるのですが、どうしても不安が残りました。

この不安を、正式な引き渡しのときにいっちゃんに伝えました。

「名前をつけて、よく呼びかけてあげてね」

「明るく元気よくあいさつしてあげてね」

いっちゃんは、ただうなずくだけでした。きっとうるさいオヤジだと思ったことでしょうね。


それから三カ月くらいたったある日のこと。

私がショップのバックヤードで昼食をとっていると、店内からかわいい元気な女の子の声が聞こえてきました。

「おはよう！」

「こんにちは！」

「モモちゃ〜ん」

店内をそっとのぞくと、いっちゃんがいました。ほかにだれがいらっしゃるのかなとぐるっと見回しましたが、いっちゃん以外、だれもいません。

まさか？

鳥のおしゃべりの声ではありませんでしたので、息を殺して様子をうかがっていると……。

「おはよう！」

いっちゃんが鳥にあいさつしていたのです。しかも大きな声で。さっきバックヤードで聞いた声と同じです。私はうれしくなっていっちゃんのそばに駆け寄り、「こんにちは！」と声をかけました。

するといっちゃんも、言葉を返してくれました。

「こんにちは。ポーちゃん、元気ですよ」

引きとったオカメインコの名前は「ポーちゃん」と名づけたようです。いっちゃんはとても明るくハキハキと、ポーちゃんとの生活の様子を話してくれました。

ポーちゃんとの生活で自信がついたのか、いっちゃんはショップの鳥たちに積極的に声をかけ、手を出して遊んでいます。なんだか別人を見ているようでした。

それから数日して、お母さんがひとりでたずねて来られました。

「このたびはありがとうございました」

お母さんは打ち明けるように話しはじめました。

「娘は幼いころから人前ではまったくしゃべれない子でした。ところがポーちゃんがきてから、人が変わったように急にしゃべるようになったんです。もう、びっくりしてしまって……」

お母さんは目をうるませていました。

「鳥の力って、すごいですね」

本当にその通りです。お母さんの涙に誘われるように、私も感動してしまいました。

鳥が起こした奇跡といったら大げさかもしれませんが、鳥が、ひとりの少女の心を開いたのです。人と鳥の結びつきを象徴するようなこの出来事に、私もスタッフもとても幸せな気持ちになりました。私たちが直接なにかしたわけではありませんが、人と鳥の幸せのかけ橋として、お役にたてたことがとてもうれしかったのです。

Chapter 3

はやくむかえに来て

「ここはどこ？」

ボクは飼い主のママと一緒に、久しぶりにドライブをしていた。助手席のケージで車に揺られていると、とてつもなく大きい水のかたまりが見えてきた。

「カイちゃん、これが海よ」

ママが教えてくれた。

うみ？　テレビでは見たことがあったけど、大きいなあ。ボクたち、海の上を走っているんだね。

「そうよ。とても長い橋を渡っているのよ」

それからしばらくすると、まわりの景色がどんどん緑になって、だんだん人気《ひとけ》がなくなってきた。

どこに行くんだろう？　行き先は知らなかったけど、ママと一緒だから、ボクはウキウキしていた。

それから間もなく到着した場所は、小さい丘の頂上みたいなところだった。ここからは、あの海が見える。

いいところだね、ママ。

潮風を吸いこみながらママのほうを振り返ったら、ママは泣いていた。

どうしたの？　ママ！　なぜ、泣いているの？

「カイちゃんは今日からここで暮らすのよ」

ここで暮らす？　どういうこと？

ふと気づくと、丘の上には、白い建物があった。鳥の声が聞こえる。ボクは急に不安になって、ケージにしがみつき、ママを何度も呼んだ。

あっ、ママ、車に乗ってどこに行っちゃうの？　待って、ボクを置いていかないで！　ママ！　ママ！　ママー！


やがて車は遠くに消え、海の音と鳥の声だけしか聞こえなくなった。ボクはママの車が走り去っていった方向を呆然として見つめていた。

ママ、すぐ戻ってくるよね？　いつものように、ママはきっと病院に行っただけなんだよね？

「カイちゃん、よろしく！」

気づくと、知らないおじさんがボクのケージのわきに立っていて、いきなりあいさつしてきた。

よろしくなんていわれても、いまはとてもそんな気分にはなれない。だいたいボクは男の人がきらいだった。パパだって例外じゃない。

「これから私がカイちゃんのお世話をさせてもらうからね」

冗談じゃない。なんでそんなことになってるの？　はやく家に返して。ママはどうしたの？　ママに会いたいよ！

ボクはケージの中であばれまわってありったけの声で訴えた。

「カイちゃん、ママは病気なんだ。これから大きな手術をするんだよ」

ボクはハッとした。

ママはいつも病院に通っていたから、ママが病気だということは知っている。小さいころからずっと腎臓というところが悪いの。でも、もう限界で、ジンゾウイショクをしなければ助からないと聞いたことがある。

「だからカイちゃんは、手術が終わってママが元気になるまで、ここで暮らすことになったんだよ」

ここで暮らす？　ボクの耳に、おじさんのいっていることが信じられない言葉として響いた。ここはいったいどこなの？　いっぱい鳥がいるみたいだけど……。

ここはね、鳥を保護する施設なんだよ、といいながらおじさんはボクを山小屋風の建物に連れていった。

「この小さい部屋は検疫室というんだけど、ここで四五日間、我慢してね」

ケンエキってなに？　という顔をしていたらおじさんが説明してくれた。

鳥には犬、猫のようなワクチンがないから、もし新しく迎えた鳥が病気をもっていたら、ほかの鳥にも病気がかんたんにうつってしまう。だから、この検疫室で病気がないかどうかを調べたり、時間をかけて観察したりするんだよ。空気感染で病気がうつることもあるので、検疫室は施設からできるだけ離れたところにつくられているんだ。ここがそうだよ。

おじさんは続けた。

「四五日間の検疫が済んだら、むこうにある施設でたくさんの鳥たちと一緒に暮らせるからね」

四五日たってもお家には帰れない？　それに、ほかの鳥たちと暮らす？　まいったな。ボクはげんなりした。

「まあ、カイちゃん、仲良くやっていこうね」

いやだよ。なんでおじさんと仲良くならなきゃいけないのさ。ごめんだね。

その夜、ボクは一晩中泣き続けた。でも、ママは戻って来なかった。


「カイちゃん、おはよう！」

次の日の朝。またおじさんがやってきた。朝からテンションが高い。ボクは全然そんな気分になれないのに。

突然、ケージの扉が開いて、ボクの前に手がニュッとあらわれた。おじさんの手だ。なるほど、手に乗せようとしてるんだな。でも、そうはいかないぞ。

ボクはママの手にしか乗らないと決めていたから、無視した。するとこんどはボクをつかまえようとする。つかまえられるのに慣れていないボクは、あっという間にバスタオルにくるまれてしまった。そして体重計に乗せられて測定。さらにおじさんは、ボクのからだのあちこちをさわったり、広げたりした。

やめてよ。ボク、そっちの趣味はないんだけど。

これがまるで日課のように毎日続いた。ボクはなんでこんなことをされるのかわからなくて、ますますおじさんのことがきらいになっていった。

それに検疫室でボクはいつもひとりぼっちだった。遠くから鳥の鳴き声は聞こえてくるけど、全然姿は見えないし……。

いまごろ、ママはどうしているんだろう。ボクは検疫室の窓から見える、ゆったり流れる白い雲の中にママの姿を想像した。

そして四五日たった。いよいよボクは、ひとりぼっちの検疫室から鳥がいっぱいいる施設に引っ越すことになった。

鳥の鳴き声が大きく響く建物に入ると、そこにはボクくらいの大きさの鳥から、もっと小さい鳥、そして、ボクの倍以上の大きさの鳥たちがいた。一〇〇羽くらいいるのかもしれない。止まり木でうたた寝をしていたり、木から木へと飛び回っていたり、それぞれが自由気ままに暮らしているように見えた。

なかには、ボクと同じシロハラインコもいた。でも、仲良くしようとは思えない。だって、あの子たち、おじさんに媚《こ》びてるから。どうしてそんなに気軽におじさんの手に乗っちゃうのか、ボクにはわからない。ボクにはプライドがあった。ボクは絶対に媚びたりしない。

でも、ここには女の人がいた。たぶん、ここのスタッフだろう。ママのかわりにはならないけど、楽しみが増えた。それにここならもうひとりぼっちではないから、ママが迎えに来るまでもう少しがんばってみよう。

ママと別れてから四カ月。とても寒い季節になった。ここでの生活にも少し慣れてきたときに、おじさんがボクに話しかけてきた。

「ママね、いよいよ手術するそうだよ」

ママ、という言葉を聞いてボクは少しドキリとした。

ママの手術は健康な人からふたつある腎臓のうちひとつをもらって、移植するというむずかしいものだった。しかも、腎臓をもらう人はだれでもいいというわけではなく、合う、合わないがあるんだって。

手術ができるということは、ママに合う腎臓をくれる人があらわれたということだ。よかった。

「手術の日はね、一二月二五日。クリスマスだよ。ママのご主人が、ドナーという腎臓をくれる人に決まったそうだよ。ねえ、カイちゃん、クリスマスに最高のプレゼントだね」

えっ。パパが？

ボクはすごくおどろいた。じつはボクは、パパのことが好きじゃなかった。だって、基本的に男の人はきらいだから。

でも、おじさんの話を聞いて少しパパを見直した。だって、健康なからだにメスを入れて、ふたつの腎臓のうちのひとつを他の人にプレゼントするなんて、なかなかできないことだよね。さすが、ママの旦那さんだ。

ボクはママの手術がうまくいくように、祈った。


クリスマスの次の日、おじさんはボクのところにまっすぐやってくると、ママの手術が成功したと教えてくれた。

ボクはうれしかった。本当にうれしかった。おじさんの前だったからつとめて冷静にふるまったけど、あとでごはんを食べながらこっそり泣いた。男泣きってこういうことをいうんだろうね。

ママ！　はやく元気になって迎えに来てね！

でも、手術からしばらくたっても、お迎えはなかった。


ママの手術が終わって半年くらいしてからのことだった。

おじさんがなにやらうれしそうな様子でボクのところにやってきた。

「カイちゃん、ママが来たよ」

えっ？　ママが迎えに来てくれたの？　じゃあボク、帰れるんだ？

ボクは首をのばして止まり木の上を行ったり来たりした。

でもおじさんは、少し残念そうな顔をした。

「それがね、ママは免疫抑制剤という薬を飲んでいるのでむずかしいんだよ」

なに、そのメンエキヨクセイザイって？

「ママのからだにはパパの腎臓が移植されたよね。でも、ママのからだからすると、パパの腎臓であっても異物が入ってきたと勘違いして、免疫力が働いて他人の腎臓を受けつけまいとするんだ。それが拒絶反応ってやつさ。

せっかく手術したのにママのからだがパパの腎臓を拒否したらたいへんなことになるので、ママの免疫の働きを抑えて、パパの腎臓を受け入れやすくするといった感じかな」

むずかしい言葉が多かったけど、だいたいわかった。でも、それとボクが帰れないことと、どう関係があるのかわからなかった。

「免疫力を抑えるということは、ママのからだが超虚弱体質になるということなんだ。つまり、ちょっとしたことですぐ病気になってしまいかねない。だから、カイちゃんのママにかぎらず、移植手術を受けたばかりの人は、動物や植物と接触してはいけないそうだよ」

ボクはショックであっけにとられてしまった。

なにそれ？　うそでしょ⁉　ボクは結局ママのところに帰れないの？

ママ！　ママに会いたいよ！　ちょっとでいいから会わせてよ！

ボクは大暴れした。

「ごめんね。いまは会うこともできないんだよ。でもね、遠くからだったら大丈夫なんだって。ちょっと待っててね」


しばらくして、ガラス越しのむこうのほうに、おじさんと並んでママの姿が見えた。ママは手をふってくれていた。ボクは羽ばたいたりダンスをしたり、考えられるかぎりのアピールをして、ボクは元気だということ、そしてはやく迎えにきてほしいというメッセージを伝えようとした。

ママは目を細めるようにして、ボクのことを見つめてくれた。

ママとの対面は時間にして五分もなかったけれど、はなればなれだった時間を埋めるくらいのよろこびにボクは満たされていた。

それから数日。おじさんがボクに話しかけてきた。

「ママがね、病院の先生に相談したんだって。カイちゃんと暮らすためにどうしたらいいかってね」

ボクはおじさんの話に、目を丸くした。先生はなんて言ったんだろう。

「もし、カイちゃんと暮らしはじめて体調に異変を感じたら、すぐにカイちゃんを施設に返しなさいって言われたそうだよ」

……ということは……もしかしたらボクはお家に帰れるってこと?

おじさんはうなずいた。

ボクはうれしくてうれしくてたまらなかった。絶対ママの具合を悪くさせたりしないと誓った。

それからボクはママが迎えに来てくれるのを、来る日も来る日も待ち続けた。お天気の日も。風の日も。雨の日も。

そして、ボクがあずけられてから約一年後のことだった。

その日、ボクは朝からソワソワして、いまかいまかとその瞬間を待っていた。

「カイちゃん、おまたせ！」

ママの声がしたのと同時に、夢にまで見たママの姿が目に飛びこんできた。

ママは見違えるように美しい顔色になっていた。やっぱりママは美人だ。

ママの横にはパパがいた。

パパ、ありがとう。パパのおかげでママがこんなに元気になったんだね。いままでパパのこと苦手だったけど、これからはパパをもっと好きになるようにがんばるね。だってパパは、ママの大切な人なんだもんね。

ボクはパパに心からお礼を言った。


帰り際におじさんがにっこりしながら声をかけてきた。

「カイちゃん、元気でね。戻ってきちゃやだめだよ」

それを聞いて、少しさびしさのようなものを感じている自分にボクはおどろいた。一年も暮らしたから、少しはここが好きになっていたのかもしれない。

しんみりしそうな空気を振り払うようにボクはおじさんに言った。

いわれなくてもおじさんのところには戻らないよ！

……でも、一緒に暮らした鳥たちには「はやくやさしい里親さんが見つかりますように！」って伝えてね、おじさん。

Chapter 4

水平線のかなたに想いをはせる

「失明していますね。たぶん治らないでしょう」

やはりそうか……。

予想はしていましたが、いざ獣医の先生から聞かされるとショックでした。

「……先生、耳はどうですか？　聞こえていますか？」

私は、心当たりがあるもうひとつのことをおそるおそるたずねました。

「お話を聞くかぎり、聞こえていないようですね」

診察台の上のボウシインコを前に、私は言葉を失いました。その子はキビタイボウシインコのキーちゃん。一九九八年にレスキューした子でした。

きっかけは一通のメールでした。

「某デパートのペットショップで、かわいそうなキビタイボウシインコが販売されています。助けてあげてください！」

当時、「ボウシインコを迎えるならキビタイボウシインコが最適」と、私はキビタイボウシインコを推奨していました。そのキビタイボウシインコを助けてほしいといわれれば、見て見ぬふりはできない、そんな勢いが当時の私にはあったかもしれません。

メールにあった〝かわいそうな〟というのがどういう状況なのか、まずは様子を見に行くことにしました。

私のショップのスタッフには、私が感情にかられて即行動を起こさないか心配されましたが、はじめは絶対見るだけにすると約束し、スタッフの了解を取りつけました。念のため、監視役として妻が同行することになりました。

そのペットショップは某デパートの最上階にありました。売り場面積も私たちのショップよりも数倍大きいものでした。

そこの目立つところにキビタイボウシインコが二羽いました。うち一羽は特に問題はなさそうです。デパート価格というか、それなりの価格がつけられていました。

その隣に、ケージにからだをあずけるような姿勢の子がいました。そう、メールに「助けてあげてください！」と書かれていたのは、この子のことでした。

「助けてあげて」という意味は、ひと目見てわかりました。その子の片方の脚は傷だらけで、出血もしていました。自分で自分のからだを咬む「自咬症《じこうしょう》」と思われる状態です。傷ついた脚が痛むせいでしょう、片足で止まり木にとまっているため、ケージにもたれかかっていたのです。

おどろいたことには、その子にも値札がついていました。

その値札にはこう書かれていました。

Sale――セール――と……。


私のからだは怒りで震えました。

「見るだけ」の約束でしたが我慢できず、店員さんのなかで責任者と思われる女性に声をかけていました。

「あのキビタイ、ケガしていますよ」

すると女性店員はひょうひょうと答えました。

「大丈夫です。いつものことですから」

私はその返事にびっくりしてしまいました。

「いつものこと……？」

女性の言葉をオウム返ししたまま絶句しそうになりましたが、そこで引くわけにはいきません。

「出血もしているし、治療したほうがいいのでは……」

と口にしたところ、女性店員はこう言い放ちました。

「消毒薬をシュッシュしてますから大丈夫です！」

「消毒薬ですって⁉」

私は思わず大きな声を出してしまいました。しかし、女性店員はまったく動じず、こちらをにらみつけるように、もう何も言うなというオーラを出しは

じめました。

「病院も定期的に行ってますから、心配ありません」

そのやりとりをそばで見ていた妻が私の腕を引っぱり、「今日は帰りましょう」と言いました。「もう帰りましょう」ではなく、「今日は」でしたので、私もその日はおとなしく妻に従いました。


それでも帰りの電車の中で私は怒りがおさまらず、妻にたずねました。

「どうしてあそこで引きとめたの?」

「だって、逆に話がこじれるわよ。ちゃんとレスキューする方法を考えようよ」

そう言われてハッとしました。たしかにそうです。大切なのは、あのかわいそうなキビタイボウシインコのレスキューを成功させることでした。


レスキューするといってもどうすればいいのか。閉店したペットショップから鳥をレスキューすることはあっても、営業中のお店からレスキューする例はあまりなかったため、頭をひねりました。

「セール」なので購入するという方法もありますが、これは結果としてお店の売上に貢献するだけになってしまいます。だからいってこのままほうっておくことはどうしてもできませんでした。

いろいろ考えた結果、知り合いの鳥の輸入会社と、問屋さんに連絡をとりました。すると、幸いにも親しくしている問屋さんが例のショップと取り引きがあるということがわかったのです。そこで、その問屋さんからショップに「毛引きや自咬症を研究している人がいるので、該当する鳥がいたら引きとりたい」と話を持ちかける作戦を立て、実行したのです。

「渡りに船」とはこういうことだったのでしょうか。ふたつ返事でＯＫが出ました。そのショップも、じつは困っていたのかもしれません。

当時、飼い鳥がテーマのインターネットの掲示板上ではそのキビタイボウシインコが話題の的になっていました。私のように現地に行って、ショップに対して要望やクレームを言った人も多かったのではないかと思います。

話はすんなりと進みました。こうしてキビタイボウシインコのレスキューに成功した私は、その足で懇意にしている動物病院にその子を連れていったのです。

「定期的に病院に行ってるって、本当なの?」

動物病院では、キビタイボウシインコを前に先生がけわしい顔をされました。

私はペットショップの店員からそう聞きましたと答えましたが、

「見て、この脚の指先。ウンチがびっしりこびりついてるわよ。たぶん一、二年以上は獣医さんに診せていないわね」

さらに先生はからだを調べ、ふーっとため息をつきました。

「残念だけど、ケガした脚は機能していないみたい」

やはり、片足はすでに使えない状態だったのです。さらに、体重がからだの大きさのわりには少なすぎることもわかりました。つまり、やせ過ぎです。

「強制給餌でもしないと、危ないかも」と先生が言ったとき、私のなかでペットショップへの怒りが頂点に達しました。しかし、先生が「レスキューできてよかったね」とおだやかに言ったので、頭を冷やすことができました。

ひと通りの診察が終わったところで妻が「よくがんばったね」といってペレットという固形の食事を口元に持っていきました。するとおどろいたことに、その子はペレットをくちばしにはさみ、なんと、食べはじめたのです。

ショップでは食器にヒマワリの種しか入っていませんでしたし、商品棚にもペレットはなく、取り扱っていなかったと思われます。おそらく、初めての食べ物を、初めての環境で、初めての人たちの前で食べたのです。それはおどろくべきことでした。

この子の「生きたい！」という生命力に感動し、私たちは思わず手をとり合って、その場で飛び跳ねていました。

脚のケガの回復が見込めないことなどから、キビタイボウシインコはわが家で引きとることにし、私のいつものパターンでキビタイの「キーちゃん」と名づけました。

脚が悪いキーちゃんが安心して楽に暮らせるように、ケージは縦型から横長に変更し、止まり木も取り除きました。そうすることでキーちゃんは脚の負担が減り、横になることもできるようになりました。なによりも食事がしやすくなったようで、一週間でレスキュー当初の二〇%以上も体重が増え、やっと適正体重になったのです。

キーちゃんは脚が不自由でしたが、わが家ではとても自由気ままに、のびのびと暮らしているように見えました。

しかし、残念なことがひとつだけありました。それは脚のケガの治療のために、消毒を毎日二回おこなわなければならないことです。私は消毒の際にキーちゃんのからだを押さえつける、保定を担当。結果はみなさんも想像されたとおりで、キーちゃんは一気に私のことが大きらいになりました。

でも、どんなにきらわれても、キーちゃんが元気を取り戻していったことがいちばんうれしいことでした。

キーちゃんはおしゃべりもそこそこできました。いちばんおかしかったのは、男の人の声で「オハヨウ！」というおしゃべり。これがただのおしゃべりならおかしくもないのですが、その声が暗い。じつに暗い。

キーちゃんの暗いオハヨウを聞いて、笑いながら妻に「前のショップでこんなふうにしゃべる男の人がいたんだね」と言ったところ、妻は吹き出し、大笑い。

「それ、あなたの声よ！」

私の声……ええっ⁉　まったく無自覚でした。こんな「オハヨウ！」を自分がしゃべっているのかと思うと、とても恥ずかしくなりました。


おしゃべりができるインコやオウムは、好きな人に関心をもってもらいたいときに、することがあります。好きな人が関心をもってくれる言葉や音を発するのです。

キーちゃんは、妻のことが大好きでした。わが家でかわされる朝一番のコミュニケーションは「オハヨウ！」です。そして、キーちゃんは、妻が私の「オハヨウ！」に関心があると思ったようです。そのため、きらいな私から発せられた言葉だとしても、キーちゃんはそれが効果的な言葉だと思い、しっかり学習したのでした。

私はそれからはキーちゃんに対して、できるだけ明るく元気にあいさつをするように心がけましたが、新しいあいさつのほうはまったくおぼえてくれませんでした（苦笑）。


キーちゃんがわが家に来てから五年がたとうとしていたとき、キーちゃんの行動に異変があらわれはじめました。

よく、ものにぶつかる。食事のとき、食器がある場所を探す。きらいな私の存在にぎりぎりまで気づかない。

さらに「オハヨウ！」が増えてきていました。キーちゃんが「オハヨウ！」を言うときは、妻に対してなにかを要求しているときでした。そばに来てほしいとき、おなかがすいたとき、頭をなでてほしいとき。

しかし、このころのキーちゃんは、妻がその場にいないときでも「オハヨウ！」を連発していました。

視力が急速に落ちているように感じました。

水平線のかなたに想いをはせる

キーちゃんの異変は目だけではありませんでした。大きな物音がしても、反応しなくなっていたのです。耳も聞こえなくなっているのかもしれない……と思い、その診察のために病院に行ったことは冒頭に書いたとおりです。

キーちゃんは光と音を失ってしまったのです。

それでも、キーちゃんは依然おしゃべりもするし、私がそばにいることに気づくと怒るし、生活のなかでの大きな変化は、ひとつを除いてありませんでした。

そのひとつとは、キーちゃんの視線です。

光を失う前のキーちゃんは、いつも私たちのほうに顔を向けていました。しかし、目が見えなくなってからは、私たちに背中を向け、窓の外に視線を向けていました。窓の外には海が広がっています。おそらくキーちゃんには海は見えていませんでしたが、五感のどこかで海を感じているのでしょう。

もしかしたらキーちゃんは海のはるかかなたむこうにある、故郷を想っていたのかもしれません。ひょっとするとキーちゃんには、故郷の情景が見えているのかもしれない……。そんなふうに感じずにいられませんでした。

そんなある日、私たちは留守番をスタッフにお願いし、夫婦で泊りがけの出張に出ることになりました。

出かけるときにキーちゃんが、私のあの声で「オハヨウ！」とおしゃべりしてくれました。

耳が聞こえなくなってからの久々の絶妙なタイミングに、私たちはうれしくなってキーちゃんに話しかけました。

「行ってくるよ」

「すぐ帰ってくるからね」

そのときのキーちゃんは海ではなく、ちゃんと私たちのほうを向いていました。もしかしたら目が見えている？　あるいは聞こえているのかと思うくらい、しっかりとこちらをとらえていました。

出張先で迎えた朝のこと、スタッフから電話が入りました。

「キーちゃんが……」

スタッフの声は涙声でした。私はすぐに、なにが起こったか悟りました。

前日、キーちゃんの体調に特に変化があったわけではありません。数日前の健康診断でも、目と耳が不自由なことのほかは異常はありませんでした。

それなのに、あんなに元気だったのに、どうして逝ってしまったの？

どうして、せめて私たちが帰るまで待っててくれなかったの……？

キーちゃんが私たちを送り出すときにおしゃべりしてくれた「オハヨウ！」。それがキーちゃんの最後の言葉になってしまったのです。

もしかしたらそれは、キーちゃんのお別れのあいさつだったのかもしれません。

キーちゃんはいま、天使の羽根をまとい、故郷の空に向かって羽ばたいていることでしょう。キーちゃんと暮らした日々は長くはなかったかもしれませんが、とてもすてきな毎日でした。キーちゃんと出会い、一緒に暮らせたことを心から感謝しています。私たちは、キーちゃんのことを一生忘れることはありません。
そして、キーちゃんとの出会いが、いまの私の活動の源泉となっていることも。

水平線のかなたを羽ばたいているキーちゃん、ありがとう！

Chapter 5

ここではないどこかへ

ここは渋谷駅ハチ公前の広場。
まさかこんなところで異種格闘技をするとは思わなかった。

オレはクジャクのクック。動物園の連中はそう呼んでいる。
１９７６年の夏のことだった。
どうしてハチ公前にいたのかって？
そうなんだ。あの小僧のせいであんなことになっちゃったのさ。

オレはいつもは渋谷にあるデパートの屋上「ちびっこ動物園」に住んでいる。
オレのほかはヒツジやヤギ、そしてアヒルなどおとなしい動物が放し飼いで飼われていた。来場したお客さんはウサギやモルモットを抱っこすることもできる。
クジャクはオレだけだ。

お客さんは、オレが羽根を広げてダンスをしてみせると、拍手をしてよろこんでくれた。オレはそんな日々に満足して、のんびりと悠々自適に暮らしていた。

でもあるとき、オレは動物園の空を見上げて、飛んでいる鳥に気づいた。彼らは風に乗って自由に得意げに大空を舞っていた。

オレだって鳥だ。自由に空を飛びたい。

オレの人生はこれでいいんだろうか？　これがオレの生き方なのか？　ちびっこ動物園にいることが？　ここがオレの生きる場所でいいのか？

もやもやしながら暮らしていた、そんなある日のことだった。オレの目の前に小僧があらわれた。小学校の五、六年生くらいだろうか。
オレのあとばかりついて来る。ときどきそんな子どもがいるけど、だいたいあきらめるか、スタッフが気づいて注意をしてくれるはずだった。

でも、その日は日曜日。動物園には人がいっぱい来ていたので、オレが子どもに追い回されていることにだれも気づかない。

しかたがない。とりあえず動物園の外に出よう。ヤギやヒツジみたいな四つ足動物は動物園から出るのはむずかしいけど、オレは鳥だからかんたんさ。ヒョイと柵を乗り越えられるからね。

でも、小僧もしつこかった。動物園の外まで追いかけてくる。動物園の外に出てしまったらスタッフの目が行き届かない。

小僧をまこうとしているうちに、オレはとうとうビルの屋上のはしっこまで追いつめられてしまった。ここは断崖絶壁みたいなところだ。もうあとがない。

さてどうしようかと考えていたら、ひらめいた。

そうだ！　オレは鳥だ。こんな高いところは初めてだけど、怖くはない。むしろワクワクしている。オレを追いつめた小僧の鼻を明かしてやるためにも、ちょっと飛んでみるか。そして、オレは自由を手にするんだ。

「クック！　待って！　こっちに戻っておいで！」

どこからか、声が聞こえた。動物園にいる唯一の男性スタッフの声だ。

今頃気づくなんて、遅いよ。オレは決めたんだ。ここから逃げるんだって。

オレはすぅっと深呼吸すると、ふわりと舞い上がった。柵を越えた瞬間、背後で息をのむような空気を感じた。

オレはゆっくりと舞い降りながら、考えた。さて、どこに着地したらいいんだろう。迷った。屋上にある動物園も人がいっぱいだったけど、下はもっといっぱい人がいる。まいったな。人がいないところはどこだ？　はやくしないと地面に着いてしまう。

オレは目をこらした。人がいっぱいいるなかで、人の頭より高いところに四角い屋根があった。地下通路の出入り口のようだ。オレはそこにおりることにした。


さすが日曜日の渋谷駅。人、ひと、ヒトだらけだ。ふわりと着地して、ほっとひと安心……と思っていたら、そうは問屋がおろさない。人がいっぱい集まってきた。

そうか、オレがめずらしいのか。そりゃそうだ。渋谷の交差点に、どこからかクジャクが舞い降りてきたんだから。だれだっておどろくよ。オレだっておどろいているもの。

あっという間に黒山の人だかりができてしまった。これが野次馬ってやつか。

すると、警察官らしき人がふたり、群衆をかきわけてオレが立っている四角い屋根の下に近づいてきた。見るとひとりはハシゴを手にしている。

「クック、クック！　大丈夫？」

オレの名前を呼ぶやつがいる。人だかりのなかに、だれかがオレに向かって手をふるのが見えた。見おぼえのある顔。動物園の男性スタッフだ。オレがデパートの屋上から飛ぶ瞬間を見た証人でもある。

「いまからそこに行くから、じっとしていてね」

もしかして、オレをつかまえるつもり？　冗談じゃない。せっかくデパートの屋上から命がけで逃げてきたのに。オレは自由になりたいんだ。

でも、そんなオレの気持ちを知ろうともせず、スタッフは警察官が運んできたハシゴを使って、ひょいひょいっと屋根の上にあがってきた。

その瞬間、「おお～！」という歓声があがった。

オレにとっては不利な状況だ。まさしくアウエイだ。地下通路の屋上はまるで四角いリング。見守る数百人の群衆。そしてリング上で、クジャクのオレと動物園のスタッフが対峙している。まるでクジャク対人間の異種格闘技だ。

オレは鳥だ。数百人の群衆の前を飛び去ることだって、わけはない。

しかしそんな逃げ方は、クジャクのオスとしてのプライドが許さなかった。

オレのからだの大きさは自慢の尾羽まで入れると一五〇センチはある。飛べる鳥ではもっとも大きい鳥の一種だ。スタッフの身長は一六五センチくらいだろう。ただし、大きさではあまり変わらないけど、体重差は大きい。スタッフはオレの一〇倍はありそうだ。


この異種格闘技に開始のゴングなんてない。スタッフが屋根に、いや、リングにあがったときにすでに勝負は始まっている。

スタッフはオレに刺激を与えないように、ゆっくりと近寄ってくる。まるで一センチずつ近づくような感じだ。じれったい。

「はやくしろ!」

群衆も同じように感じたみたいだ。そしてその声をきっかけにスタッフに指示を出すように群衆からどんどん声があがった。

「うしろからまわりこめ！」「しっぽをつかまえろ！」「いや、首根っこだ！」


異種格闘技といえばモハメド・アリとアントニオ猪木の試合が有名だ。猪木とアリの闘いは、猪木が仰向けに寝転び、アリが立ったままだった。結局勝負はつかなかった。

いまの状況はオレが猪木でスタッフがアリ。しかし、引き分けはあり得ない。四角いリングを取り囲むように、群衆がオレたちの勝負の行方を見守っている。

オレはスタッフとにらみ合いながら、いろいろなことを思い出していた。

小僧にビルの屋上のはしっこまで追われたこと。スタッフの目の前でハチ公前広場に滑空したこと。群衆に囲まれたこと。ちびっこ動物園で悠々自適に暮らしていたこと。そして……そうそう、動物園で自慢の羽根を広げて、お客さんに拍手喝采を浴びていたこと。

そうだ、オレはこんな異種格闘技で注目されるより、美しい羽根を広げ、ダンスを踊ることが好きなんだ。動物園に来るお客さんもそれを楽しみにしている。

やっと気がついた。あの小僧、いや、男の子に追いかけられたことがきっかけで、大事なことがわかった気がした。オレが生きる場所。それはやっぱりちびっこ動物園だ。そこから逃げてはだめなんだ。逃げないで、自分にできることを伝えていかなくてはならないんだ。

そう、オレのミッションは、お客さんにクジャクのすばらしさを伝えることだった。動物園から外に飛び出したいま、やっとそのことに気づいた。

さあ、はやくオレを動物園に連れて帰ってくれ。


オレはスタッフがつかまえやすいようにからだを横に向け、長い首を差し出した。その瞬間を逃さないようにスタッフはオレの首とからだを抱きかかえた。


二度目の「おお～！」という歓声が聞こえた。

オレが本気を出せば、あっという間に振りほどくこともできただろう。でも、もうよかった。ビルの屋上から滑空したことは、たぶんオレのいちばんの思い出

になるだろう。そして、異種格闘技戦で気づかされたこと——逃げないで自分にできることを伝える——。オレにとっては最高の気づきだ。

明日からちびっこ動物園の主役はオレだ！

オレの美しい羽根とダンスを存分に見てくれよ。


その日を境に、オレは気持ちをあらためた。ちびっこ動物園のクジャクとしての誇りをもつようになった。やんちゃな子どもがオレを追い回そうとしても、正面を向き、羽根を広げて立ち向かった。そんなオレの姿は、威風堂々と評され、さすがのわんぱくな子どもたちもそれ以上は手出しができなかった。

オレにとっては最初で最後の大空の滑空。

あの経験がオレのなかで、大きな変化を生んだことはまちがいなかった。

Chapter 6

出会いと引き継ぎ

「飼っている鳥を手放さなければ、命が危ないですよ」と告げられたら、あなたはどうしますか？

あるとき、私たちのショップに一本の電話がかかってきました。電話の主は武部さんという男性の方です。

武部さんとのご縁は、約一〇年前にモモイロインコをお世話してからのお付き合いでした。武部さんは私と同じくらいの年代で、子ども時代から鳥を飼われている、いわばベテランの愛鳥家さんです。年齢が近いこともあって、武部さんとは子ども時代の鳥の話から現在に至るまで、いろいろな鳥談義に花を咲かせたものです。

本当に心から鳥が好きな方なので、モモイロインコを迎えたいと言われたときは、安心してお世話させていただきました。

モモイロインコは「モモちゃん」と名づけられました。

電話は、「まさか⁉」の引きとりの相談でした。

一〇年も一緒に暮らした家族同然のモモちゃんを武部さんが手放そうとするなんて、いったいなにがあったのでしょうか？

詳しい話を聞くために、会う日程を決めて武部さんとの電話を終えました。

受話器を置くとすぐにまた電話が鳴りました。


「初めてお電話しました。佐藤と申します」

とても落ち着いた感じの女性の声です。

お話の内容は、ペットショップからお迎えして三カ月で亡くなったヨウムのコーちゃんのことでした。亡くなる一カ月前に、鳥専門の獣医さんのところで健康診断を受け、結果は「問題なし」という診断。しかし、その後コーちゃんは急に体調を崩し、懸命の入院治療のかいもなく、それからわずか一カ月で亡くなってしまったのです。

佐藤さんのお話は、そんな事例がほかにもあるのか、聞いてみたい、ということだったようです。

私は獣医師ではないので何とも申し上げられませんが、インコ、オウムにはまだまだ解明されていない病気がいっぱいあるようです。

亡くなったコーちゃんも、まだ解明されていない感染症の疑いをぬぐい去ることはできません。ただ、それをあきらかにするには遺体を解剖し、細胞組織などまで調べなければなりません。

しかし、ほとんどの飼い主さんは、亡くなった鳥さんの解剖はしてほしくないというのが心情でしょう。鳥獣医学の進歩は、飼い主さんのご協力なしではむずかしいという現実があるようです。


電話のむこう側の佐藤さんは、落ち着いてはいらっしゃっても、深い悲しみを押し殺しているようにも感じ、その声は悲痛な叫びのようにも聞こえました。

「もしよろしければ、鳥たちに会いに来ませんか？」

私はそうご提案しました。

愛する鳥さんを亡くしたばかりの佐藤さんにとって、ほかの鳥とふれあうことは、かえって悲しみを増幅させることになるかもしれません。でも、いまの佐藤さんには、鳥たちと交流するほうが、せめてもの癒やしになるのではないかと私は思ったのです。

その週末。

「武部さん、どうされたんですか？」

武部さんは約束どおり、保護施設にいらっしゃいました。久しぶりに会った武部さんを見て、私はおどろきをかくせませんでした。

まるで別人のように顔色がよくなかったのです。

武部さんによると、ある日突然、アレルギー発作が始まったそうです。発疹やかゆみ、それに咳。ひどいときは咳がとまらず夜も眠れなくなり、とうとう仕事にまで支障をきたしはじめてしまったそうです。

病院では「原因は鳥です」というまさかの診断。「このまま放置すると、最悪命を落としますよ」とまで言われてしまったと、武部さんは落ちこんでいました。

武部さんは働き盛りの一家の大黒柱です。しかも自営業なので、仕事を一日休むだけでも家計に響きます。ましてや長期の入院にでもなってしまったら、たいへんなことでしょう。

それにしても、原因が鳥とは。お医者さんの診断に物申すつもりはありませんが、武部さんに話を聞いたばかりの段階では、ただただ、信じたくないという思いが私を支配していました。しかし、動物アレルギーが増えているなかで、鳥が原因となってしまった例も少なくはないようです。

私たちは武部さんがモモちゃんを手放すという決断をされる前に、なにかできることはないか考えました。

「モモちゃんをしばらくあずかりましょうか？」

私は武部さんにご提案しました。モモちゃんがいなくても武部さんの症状が改善しなければ、鳥が原因ではないかもしれないのですから。鳥が原因でなければ、鳥以外の原因をつきとめるしかありませんが、モモちゃんを手放さなくてもよくなります。

とにかく、原因がわかるまで、武部さんの病状がどうなるかが心配でした。これ以上悪化すると、命にもかかわる。そんな瀬戸際に武部さんは立たされていました。

武部さんは迷っていらっしゃいましたが、ほかによい策が浮かばなかったので、とりあえず私たちはモモちゃんをおあずかりすることになりました。

武部さんが施設の入り口を出られてすぐに、すれちがいで若いご夫婦が入ってきました。

「こんにちは！　ヨウムのことでお電話差し上げた佐藤です」

私はあいさつをしてからすぐに鳥たちの部屋へ佐藤さんご夫妻をご案内しました。奥様は、放し飼いにされている鳥たちのなかでもやはり、特にヨウムをずっと目で追っています。ときどき見せる悲しそうな表情は、その視線の先にコーちゃんへの想いを重ねているようでした。

コーちゃんの死を受け止めることは、佐藤さんご夫妻にとって、とてもつらいことでしょう。でも、どんなに時間がかかっても、乗り越えていかなければなりません。

そして、きっと施設の鳥たちが佐藤さんを元気づけてくれる、と私は信じていました。

かれこれ二時間、佐藤さん夫妻は鳥たちを眺め、施設をあとにしました。

帰り際、遠慮がちに「また来てもいいですか？」とたずねた佐藤さんの目は、輝いているように見えました。

二週間後。武部さんが風呂敷で包んだキャリーを手に、施設にやってきました。

武部さんが風呂敷を広げるとモモちゃんが「久しぶり！」とでも言いたげな様子で私たちを見ていました。

モモちゃんは一〇年前、日頃から信頼を寄せているアメリカの獣医師が経営するブリーダーから譲っていただいた鳥です。一〇年前とはいえ、鳥は記憶力が高い動物。おそらくモモちゃんは私たちを覚えていたのではないでしょうか。

モモちゃんとの再会に思わず顔をほころばせ

た私とは裏腹に、武部さんの心境は複雑だったようです。

「モモをよろしくお願いします」

ぽつりとそれだけ言うと、打ちひしがれた様子で帰ろうとする武部さんの背中に、私はどんな言葉をかけていいかわかりませんでした。


武部さんが施設を出ようとしたまさにそのとき、扉が開いて佐藤さんご夫妻が入ってこられました。佐藤さんご夫妻は先週も来てくださいました。鳥たちと積極的に遊び、来られるたびに表情が明るくなっているようでした。


「ちょっといいですか?」

ひととおり鳥たちとたわむれたあと、佐藤さんがあらたまった様子で私に話しかけてこられました。表情がいつもとちがいます。

「私たちに鳥を飼う資格はあるのでしょうか?」

え? 意外な質問に私が戸惑っていると、佐藤さんは続けて、

「私たちは里親になれるのでしょうか?」

佐藤さんご夫妻はコーちゃんを亡くしたことで、自信を喪失していました。鳥を飼うのに資格なんていらないことは、佐藤さん自身も承知の上での質問だったことでしょう。

「亡くなったコーちゃんのことを想っていらっしゃるのですね」

「ええ。また短期間で死なせてしまったらと思うと……」

佐藤さんはうつむいてしまいました。

佐藤さんは施設の鳥たちと楽しく遊べるようになっていましたが、やはりまだまだコーちゃんのことがつねに心の大部分を占めているようでした。

コーちゃんのことを話すときに佐藤さんがいつも使われるのが「短期間」という言葉です。ペットショップから引きとって「わずか三カ月」でコーちゃんは亡くなりました。その間、鳥専門の病院に毎日のように連れていき、寝ずの看病をしたり、とてもたいへんだったと思います。しかし、佐藤さんからすれば、何もしてあげれない悔しさがあったようです。

「コーちゃんを幸せにできなかった」

佐藤さんご夫妻は深い自責の念にかられていたのです。

「飼い鳥の幸せは長さにあるのではありません。どれだけ深く愛されたかです」

そう、私は伝えました。

佐藤さんご夫妻はコーちゃんのために最善を尽くしました。そのことはコーちゃんにも十分すぎるほど伝わっているはずです。時間にすると短い期間だったかもしれませんが、コーちゃんは佐藤さんご夫妻のもとで、最高の幸せを手にして天国に旅立ったと思います。


モモちゃんをおあずかりしてから三週間後。武部さんがいらっしゃいました。武部さんの顔色はとてもよくなっていました。私のような素人でもわかるくらい、症状が改善したように見えます。

「よろこぶべきなのか、それとも悲しむべきなのか……」と武部さんは苦笑いをされました。

「私は家族を守っていかなければなりません。もちろんモモも大事な家族です」

しかし、と武部さんは続けます。

「決めなくてはならないのです……いや、決めてきました」

そう言うと、武部さんの目から涙がほほをつたって流れ落ちました。武部さんの境遇、そして気持ちがよくわかるだけに、その苦しみと悲しみが痛いほど伝わってきます。

「病気が治ったらまた一緒に暮らせるかもしれませんよ……」

私がそう声をかけると、武部さんはその先を手で制しました。

「いや、モモにはもっと幸せになってほしいのです」

武部さんの病気が完治し、またモモちゃんと暮らせる保証はどこにもありません。それよりもモモちゃんを幸せにしてくれる新しい飼い主さんと暮らしてほしい、と武部さんは心から願っていらっしゃるのです。


武部さんの決意の強さがわかりました。

武部さんを見送りながら、私はその背中に心の中で呼びかけました。

「モモちゃんのことは私が責任をもって、すばらしい飼い主さんを探します。武部さんはどうかはやく病気を治してください」

武部さんが席を立って入り口に向かっていたとき、入り口の扉が開き、またしても佐藤さんご夫妻が入ってこられ、武部さんとすれちがいました。

これで三回目。なんだろう、これは……。

そのとき、私には見えない糸がはっきり見えたような気がしました。

「先日の話ですが……」

佐藤さんが話を切り出されました。

「もし、私たちに合う子がいたら里親になりたいのですが……」

気持ちが決まったようで、佐藤さんの表情には迷いがありませんでした。

「やはりヨウムがいいですか?」と私。

施設には、当時四羽のヨウムがいました。佐藤さんご夫妻であればどのヨウムも幸せになれるでしょう。

でも、あえて私はモモちゃんのお話をしました。モモイロインコのモモちゃんに、「縁」を強く感じたということを伝えたのです。

佐藤さんご夫妻は、論理性のない私の「縁」の話に最初は困惑していました。

武部さんと佐藤さんご夫妻のたびかさなるすれちがいはただの偶然かもしれません。でも、もし「縁」というものが存在するのであれば、こういうことを言うのかなと私は思っていました。


はじめは思案顔をされていた佐藤さんご夫妻も少しずつですがモモちゃんに関心をもちはじめたようです。

「検疫が終わったらモモちゃんに会えますか？」

「もちろんです」と答えながら、私は心の中で「この縁が結ばれますように」と願っていました。


武部さんと佐藤さんご夫妻の三回の「すれちがい」。

あれは「すれちがい」ではなく「出会いと引き継ぎ」だったのかもしれません。

Chapter 7

わたしは負けない

「マナちゃんは、ＰＢＦＤの検査で陽性の結果が出ました」

鳥の獣医さんにそう言われたとき、わたしの飼い主であるママは、崩れ落ちるようにその場にへたり込んでしまった。

「ＰＢＦＤ」ってなに?

なんのことやらさっぱりだったわたしは、先生の話に耳を傾けた。

「ＰＢＦＤというのは、オウム類嘴羽毛病《るいくちばしうもうびょう》のことで、サーコウイルスというウイルスが原因のオウム目のみに感染するとても怖い病気です。発症すると羽毛異常やくちばしの変形、消化器系の病気などを起こし、最終的には免疫不全でほとんどの鳥が亡くなります。急性の場合、突然死することもあります。

サーコウイルスは感染鳥の糞便《ふんべん》、羽毛や脂粉《しふん》などを吸いこむことで感染します。つまり空気感染するというやっかいなウイルスです。とても生命力が強く、適正な清掃、消毒をおこなわなければ、半年以上生存するといわれています」

そして、先生はこう続けた。

「一緒にいる鳥さんに感染するかもしれないので、この子をほかの鳥さんと同居させてはいけません」

この子って、わたしのこと?


ママはわたしと先生の顔を交互に見ながら、たずねた。

「じゃあ、先生、どうしたらいいのでしょうか?」

「いまからでも遅くはありません。一刻もはやくマナちゃんを隔離してください」

「隔離ってどんなことをすればいいのですか?」

「サーコウイルスは空気感染するので、カーテンやビニールで区切った程度では意味がありません。また、部屋をわけても空気は入りこんでしまうでしょう」

ここでいう隔離は、完全に離れた場所でお世話するということだった。マンションの一室や、一戸建ての別の部屋でもだめだということ。ただし一戸建てで、庭など母屋と離れた場所であればいいらしい。

ここまで話を聞いて、わたしはたいへんな病気にかかってしまったんだと知った。正直なところ自覚症状はなかったけれど。

先生からのアドバイスは可能なかぎりの隔離、そしてわたしを購入したペットショップにわたしがＰＢＦＤにかかったことを伝えるように、ということだった。

ママは先生の話を聞きながら、涙がとまらなくなっていた。

お家には先輩のセキセイインコたちがいた。

「この子をほかの鳥さんと同居させてはいけません」と先生に言われた通り、わたしの暮らす場所が部屋のいちばん奥に変わった。そしてわたしのケージとそのまわりに、ビニールが張り巡らされた。

ビニールで区切るだけでは意味がないけれど、何もしないよりはマシなんだって。あまりいい気分はしないけれど、先生の話を聞いていたから、わたしも我慢するしかなかった。

翌日、ママはわたしを購入したペットショップに出かけていった。そして、その足で病院にも立ち寄ったらしい。帰宅したママはすぐわたしのそばに来て、涙ながらに今日の出来事を話してくれた。


ペットショップの店長はこう言ったそうだ。

「ウチにいたときには元気だったよ」

もちろんママは反論した。

そうしたら店長は「じゃあ、その子、返して」と言った。

「返したらどうなるんですか？」

「ＰＢＦＤの子ばかりを収容した施設があるので、そこに入れるよ。そこの施設でＰＢＦＤが治った子もいっぱいいるからね」

もしそれが本当ならと、ママは詳しくその施設について聞こうとした。

「その施設はどこにあるんですか？　見学できますか？」

しかし、それは教えられないと言われたらしい。

そして店長の次のひと言でママはキレてしまった。

「その子を返して、ほかの子と交換したら？」

わたしがママだったら、噛みついていたかもしれない。

ママはそのまま病院に行き、ことの顛末《てんまつ》を先生に伝えた。先生は「う～ん」と腕組みをしてしばらく考えてから、こう言った。

「あの施設に相談してみましょうか」

先生が言った〝あの施設〟とは、飼えなくなったインコやオウム、フィンチなどの飼い鳥を引きとって、新しい里親を探す活動をおこなっている保護団体のことだった。

そこの鳥爺《とりじい》という代表が以前ＰＢＦＤで苦労したこともあって、保護活動とは別に、ＰＢＦＤという難病撲滅の活動もおこなっていた。その施設がＰＢＦＤで苦労した当時、ボランティアで一緒に治療などに取り組んだ獣医さんがわたしの先生だった。

そんな事情もあって、話はトントン拍子に進み、そのまた翌日、ママはわたしを連れて施設を訪問することになった。

最寄りの駅からママの足で歩いて一五分。近くに海が見える。いいところ。ずっとのぼり坂になった道の頂上に施設はあった。

坂をのぼっている途中から、大きな鳴き声が聞こえてきた。インコ、オウムの鳴き声を知っている人であれば、ここにたくさんの鳥たちがいることがわかる。いろいろな鳴き声を聞きながら、わたしはどんな仲間がいるのか、想像した。

施設に到着すると、ママとわたしを待ち構えていたかのように、代表と思われる男の人が入り口のところに立っていた。それが鳥爺という人だった。ママと言葉をかわしたあと、鳥爺はわたしにあいさつしてくれた。

「マナちゃん、こんにちは！」

わたしは男の人が苦手。でも、わたしが前にいたペットショップの店長よりはまだマシかな、というのが第一印象だった。

鳥爺に案内されたところは、鳥たちがたくさんいる場所から一〇〇メートルくらい離れたところにある山小屋風の小さな建物。

「ここが隔離室です」と鳥爺がママに言った。

そうか、わたしは今日からここで生活しなくてはならないんだ。せっかくやさしいママと楽しく暮らしてたのに。でも、どのくらいここにいなきゃいけないんだろう？

「わかりません」

鳥爺は獣医の先生と同じことを言った。

陽性という検査結果は出たけれど、わたしはまだ発症していなかった。いまは潜伏期間かもしれない。その潜伏期間は個体差があって、すぐ発症する子もいれば、一〇年たってから発症する子もいるらしい。発症すると、ほぼ一〇〇％の確率で亡くなってしまうんだって……。

でも、発症する前であれば陰性になることもある、と鳥爺は言った。

じつはこの施設でも、ずっと前に、五羽の白色オウムがＰＢＦＤの陽性になり、そのうち一羽だけが陽性から陰性に転じたことがあった。その間、いろいろな治療を施したけれど、残念ながら残りの四羽は発症を防げなかった。でも、そんな悲しい経験からも得られた収穫はあった。たった一羽でも、陰性になったことは獣医学的にも大きな成果だったんだって。

ＰＢＦＤの陽性と診断された子が一羽でも多く助かってほしい……そういう思いで私たちはＰＢＦＤと闘い続けているんですと、鳥爺は熱く語った。

わたしは鳥爺の話を聞きながら、亡くなってしまった四羽の白色オウムのことをぼんやり考えていた。

鳥爺によると、わたしが置かれた状況は、有利だということだった。この施設での過去の経験が活かせること、そして、海が近いこの施設の環境も有利に働くのではないか、と鳥爺は言った。

まあ、わたしにしてみれば、だれもいないさびしい山の中でいったいなにが有利なのか、ちっともわからないけど。

「じゃあね、マナちゃん」

Chapter 7

覚悟はしていたけど、やっぱりママとはここでお別れなんだ。

ママは毎週必ず会いにくると約束してくれた。

でも、一週間後に会えるのに、どうしてママは泣いているの？　まさか、もう会えないってことはないよね？

ママが行っちゃったあとも、わたしはママがいつまで泣いていたのか、ずっと気がかりだった。もしかしたらママは、わたしがＰＢＦＤを発症して死んでしまうのではないかと心配しているのかもしれない。

死ぬってどういうことなんだろう。

わたしには想像もできなかった。でも、ママを悲しませるようなことはしたくなかった。自分のためではなく、ママのために、わたしはがんばりたいと思った。

だって、ここは有利なんでしょ？　ね、鳥爺！

隔離室は想像していた以上にさびしかった。そして怖かった。まわりには街灯もないので、日が落ちると本当に真っ暗になる。

夜中に、海の音にまざってインコやオウムではない鳥の声が聞こえてくる。得体の知れない動物の足音も聞こえる。

怖い。さびしい。


そんなわたしの気持ちを知ってか知らずか、夜中に二回ほど鳥爺が懐中電灯を持ってパトロールに来てくれた。鳥爺が窓から室内をのぞきこんだとき、わたしは寝たふりをしていたけれど、気にかけてくれることがうれしかった。

ＰＢＦＤという怖い病気からわたしを守るために、ママも、獣医の先生も、そして、ここの鳥爺もがんばってくれているんだ。


隔離室で迎えた初めての朝。太陽がのぼってあたりが明るくなってきたと思っていたら、施設の鳥たちの大きな声で起こされた。わたしも大きな声であいさつしてみると、施設のほうからも返事があった。

ひとりじゃない。いまは姿が見えないけど、仲間がいる。

そう思うようになったら気持ちがとても楽になった。

それに、ここは空気が美味しい。鳥爺が「環境が有利」といった意味が少しだけわかったような気がした。

鳥爺はすくなくとも、朝と夕方の二回は来てくれた。

朝はケージから出してもらい、まず、体重測定。そして触診。ケージの掃除をしてもらっているあいだは、別のケージに入れられて屋外で日光浴。

この日光浴がとても気持ちがいい。

もちろん、いつもお天気ばかりではない。雨が降ったら日光浴はできないと思っていたら、ここはちがった。雨が降っても屋外に出される。おかげでわたしはびしょ濡れになった。冗談じゃないと思ったけど、鳥爺はこう言った。

「野生の鳥は、雨が降っても、雨宿りなんてできないんだよ」

たしかにそうだ。それからは、短い時間だったら濡れるのも我慢した。

しかも、わたしだけがそうなのかと思ったら、ほかの健康な鳥たちも、雨の日は自然の雨にあたって水浴びするんだって。そして、ちゃんと雨宿りできる屋根も用意されていたから、濡れたくなければ屋根の下に避難することもできる。

自然の雨がとても心地よくて、わたしもそのうち、気がついたら水浴びが大好きになっていた。だって、水浴びをしたあとの羽づくろいはこれまたとても気持ちがいいし、なんたって美人になれちゃうから。

　雨降りの水浴びが楽しみのひとつに加わった。

　鳥にとって、毎日の楽しみに欠かせないもの、それは食事。……のはずだった。こればかりはペットショップにいたころのほうがよかった。ペットショップでは好物のカナリーシードがたくさん食べられたから。

　ここでは、ペレットという固形の食べ物が中心。味もそっけもない。唯一の楽しみは、ほんのちょびっとだけど、夕食にヒエ、アワ、キビのシードをもらえることくらい。好物のカナリーシードはほとんど食べさせてくれなかった。
　鳥爺曰く、
「カナリーシードは悪い食事ではない。でも、食べ過ぎると発情しちゃうんだよ」
ふーん。じゃあ、一〇〇歩譲ってペレットを食べるとしても、カナリーシードとその他のシード類を、ペレットに混ぜてくれたらいいでしょ？

するとﾟ爺は、こちらを見透かしたように言った。

「でも君たち鳥は好物から食べはじめるでしょ？　つまり、カナリーシードから」

図星だった。三角食べみたいな器用なことは、わたしにはできそうもない。

「はやく病気を治して、ママのもとに帰りたくないの？」

わたしは何も反論できなかった。


わたしはママのために、ペレットや野菜をきちんと食べるようにした。はじめは無理して食べていたけど、慣れてくるとペレットもなかなか美味しく感じられた。


もうひとつ気づいたのは水のことだった。じつはこの施設では、水に相当なこだわりをもっていて、毎日、大きなポリタンクをいっぱい車に積んで、水を汲んできているんだって。

「この水は銘水と呼ばれる湧き水なんだよ。わざわざ遠くから汲みにくる人もいて、病気の人も飲んでいるんだ。きっと君たちのからだにもいいはずだ。ＰＢＦ

Dという病気と戦うには、いいと言われるものはすべて試したいからね」

からだにいいかどうかはわからないけど、たしかに美味しい水だった。それに苦手なペレットもこの水と一緒に食べると美味しくなる気がしたから不思議だった。


それからもうひとつ意外なことがあった。

それは、やぼったいと思っていた鳥爺が一日に二回もお色直しをしてくること。てっきり、極端な汗かきとか、潔癖性？　いや、加齢臭防止？

とか思っていたら、ＰＢＦＤにかぎらず、新しい鳥を迎えたときは必ずそうしているんだって。隔離室に入ったら必ずシャワーを浴びて、衣類を着替えるというルール。

なんでそんな面倒くさそうなことするんだろう、と思っていたら……。

「鳥たちに万が一、病気をうつしたらたいへんだからね」

鳥のために、そこまでするんだ。鳥爺を見直した瞬間だった。

一週間に一回、約束どおりママが来てくれて、一緒に動物病院に行った。病院ではわたしがすごく苦手な採血がときどきあった。採血して検査しなければ、病気がよくなっているのか悪くなっているのかがわからないので、我慢するしかなかった。

わたしが隔離室に入ってから、かれこれ四カ月くらいたったある日のこと、動物病院の先生からうれしい知らせがあった。

「採血の結果、陰転しました」

陰転というのは、陽性が陰性になることだった。

にっくきサーコウイルスがからだからいなくなった。ＰＢＦＤが治ったんだ！

隔離生活から卒業して、これでやっとママと一緒に暮らせるんだ。

有頂天になってはしゃいでいるわたしを見て、鳥爺がつぶやいた。

「いや、まだ帰れないよ」

えっ、どうして？　陰性になったんでしょ？　治ったんでしょう？

わたしが抗議すると、たしかにそうだよ、と鳥爺が話を続けた。

「陰転はした。でも、まだマナちゃんのからだや羽毛に生命力の強いウイルスが残っているかもしれないんだよ」

わたしはウイルスのしぶとさに地団太を踏んだ。それからわたしはいままで以上に熱心にシャワーをした。鳥爺は、サーコウイルスに効果があるといわれる消毒液で、わたしがいる隔離室を毎日数回すみずみまで消毒してくれた。

そして三カ月後、鳥爺はわたしの羽毛と、隔離室でいちばん汚染されそうな場所のほこりをいくつか採取し、検査に出した。わたしだけが陰性でもだめで、わたしが住んでいた部屋も陰性というお墨付きをもらわなくてはならなかった。検査結果が出るまで、わたしはソワソワ落ち着かなかった。

そして、いよいよ検査結果の発表の日。検査結果の知らせをもって、鳥爺が隔離室にやってきた。鳥爺は、にっこり笑ってわたしを見た。その顔を見ただけで、わかった。

その日のうちにママがお迎えに来てくれて、わたしはとうとう七カ月の闘病生活に別れを告げた。

わたしがどうして陽性から陰性になることができたのか?

じつはなにが決め手だったのか、いまだにはっきりとはわからないんだって。動物病院の先生も過去の体験や海外の文献などのヒントから、あらゆる治療をしてくれた。施設ではわたしの免疫力をあげるために、環境や食事など日常生活の改善に取り組んでくれた。みんなのがんばりが実を結んで、わたしは健康を取り戻せた。そういうことかな。

隔離生活のあいだ、わたしの心の支えはなんといってもママだった。ママとははなればなれになっちゃったけれど、つねに愛を感じてた。小さなわたしのことでほうぼう走り回って手を尽くそうとしてくれたママ。施設でのお別れのときにさめざめと泣いていたママの姿が、わた

しの脳裏に焼きついて離れなかった。

ママのために、治ろうと思った。


いまもＰＢＦＤで闘病生活をしている仲間の鳥がいっぱいいるらしい。でも、わたしのように陰転するケースはごくわずかなんだって。こうして大好きなママとまた一緒に暮らせているわたしは、運がよかったのかもしれない。

わたしが学んだ大切なことは、飼い主さんと動物病院の先生が強い信頼関係をもって、病気に立ち向かうことだった。

でも、それだけでは足りない。病気にかかった鳥本人が「絶対に治すんだ！」という強い意志をもつことが大切。飼い主さん、病院の先生、そして本人という三つの力が結集すると、もしかしたら奇跡が起こるかもしれない。

そう、わたしは信じてるの。

Chapter 8

おぼえているよ

「どうして孵化《ふか》しないのでしょうか」

長尾さんという女性から、このような電話相談がありました。飼っているオオハナインコの卵が一向に孵化しない、つまり卵からかえらない。今回で三回目だそうです。途中までは育つのですが、卵の殻を破る前にヒナが力尽きてしまうか、もしくは成長過程において死んでしまうのです。あともう一歩というところで大切な命が途絶えてしまう。そのことに長尾さんはたいへん悩んでいるご様子でした。

長尾さんの切実な想いに動かされ、私は長尾さん宅を訪問しました。都心から約三時間。緑が多く、空気もきれい。鳥にとっても素晴らしい環境です。最初にお邪魔したとき、季節は初冬。室内では薪《まき》ストーブで暖をとっていました。思った以上に暖かいので鳥たちにとっても快適そうでした。

三〇畳以上はありそうなリビングのいちばんいい場所に、たたみ二畳分くらいの大きなケージがこしらえてあります。肝心のオオハナインコ夫婦はそこにいました。室内でも日光浴ができるように工夫されています。すべてご主人の手作りだそうです。

鳥にも人にも素晴らしい環境で、私自身もあこがれてしまったほどです。

こんなにいい環境なのに、なぜヒナが育たないのか、理由がわかりませんでした。

長尾さんといろいろなお話をしているうちに、気になったことがありました。

それは食事です。

オオハナインコ夫婦の主食はヒマワリの種でした。オオハナインコもよく食べるし、便も見た目は悪くありません。近所のペットショップでも動物病院でも指摘されるどころか、ヒマワリの種をすすめられていたので、ずっと与え続けていたそうです。

ヒマワリの種は悪い食事ではありません。ただ、ヒマワリの種が主食だと、栄養が偏ってしまいます。ましてやヒマワリの種は約五〇%が脂肪です。人間でいえば毎日天ぷらを食べているようなものです。

決定的な理由ではないかもしれません。私の指摘に長尾さんは戸惑いを隠せませんでしたが、ヒナのこと以前にオオハナインコ夫婦の健康にとって重要なことなので、改善をお願いしました。

私はヒマワリの種のかわりに、現状でいちばん適しているといわれる食事、ペレットをおすすめしました。ペレットはオオハナインコにとってヒマワリの種のように美味しくはないかもしれませんが、鳥に必要な栄養がバランスよくとれるので、健康にもきっといいはずです。

最初は食べさせるのも苦労するかもしれませんが、食べはじめればしめたものです。ただ、ペレットだけではさびしいので、新鮮な野菜や果物も副食として与えてほしいこともお願いしました。

長尾さん宅にお邪魔してから約半年後、久しぶりに長尾さんからお電話がありました。長尾さんの声がいつもとちがいます。

「ふ……孵化したのですが……」

その言葉に私もおどろきました。

「ほ、本当ですか？」

一週間前に一羽だけ孵化したそうです。

よかった。私は胸をなでおろしました。長尾さんご夫妻もよろこびがひとしおでしょう。


しかし、長尾さんの声は弾むどころか沈んでいました。

「これから、この子をどうしたらいいでしょうか？」

「えっ？　どういう意味ですか？」

私はおどろいて聞き返しました。すると長尾さんは、

「親が育てると思ったのですが昨日から急に……」

私はハッとして長尾さんの言葉をさえぎってしまいました。

「もしかして、子育てをしていないのですか？」

「……たぶんそうなんだと思います」

なにが原因かわかりませんが、親鳥が育児を放棄し、ヒナは昨日から食事をとることができていないようです。このままだとまちがいなく衰弱死してしまうでしょう。私は必要なものをかき集めて車のハンドルを握りました。

長尾さん宅に到着すると、ヒナは意外と元気がありました。私はヒナの体力に感謝しながら、まず、フォーミュラというヒナの食事を作り、ヒナに飲ませました。ヒナは最初拒絶していましたが、フォーミュラに少し口をつけると、人が、いや、鳥が変わったようにゴクゴク飲みはじめました。

やがて鳥の首の根っこから胸あたりにある「そのう」という、一時的に食物を貯めるところが、大きく膨らんでいきました。

「まずはひと安心です」と伝えると、長尾さんはやっと安堵の表情を見せました。

しかしここで安心するわけにはいきません。このヒナはもう親鳥が面倒を見てくれないかもしれないのですから。そうなるとこの時点で親から離し、挿し餌で育てるしかありません。

「挿し餌はむずかしいものですか？」

長尾さんの質問に、私ははっきりと「むずかしいです」と答えました。

挿し餌は、時間と回数と量を守れば大丈夫と思っている人が少なくありません。「このヒナは孵化して○日だから朝、昼、晩の△回の挿し餌でいい」といった具合です。しかし、本当はそんな単純なものではありません。

次の挿し餌のタイミングは、そのうが空っぽになったとき。つまりヒナにとって挿し餌のタイミングはバラバラなのです。

ましてやこのヒナは孵化して一週間しかたっていません。しばらくはつきっきりの二四時間体制で世話をする必要があるでしょう。

長尾さんには、言葉を選びながらほかにも重要なお話をしました。それは四回目にして授かった尊い命をどうしても守りたかったからです。

長尾さんはしばらく沈黙したあと、私にヒナを引きとってほしいと言いました。

「ヒナが孵化するという私たちの夢は叶えられました」

長尾さんがヒナを見つめながら言いました。

「でも、親鳥が育児を放棄してしまったいま、この子の命を守る自信はありません。むしろ怖いです」

長尾さんの目からは涙があふれていました。長尾さんは親鳥の育児放棄に直面して途方に暮れ、そしてヒナを育てるむずかしさを知って、混乱されたのでしょう。もし長尾さん宅がこんなに遠くなければ私が通うことも考えましたが、片道三時間ではどうすることもできません。いま、大切なことは、生まれてきた尊い命を守ることでした。

わかりました、まずは引きとりましょう、と私が告げると、

「申し訳ありません。どうぞよろしくお願いします」

長尾さんは深々と頭を下げました。その足もとには大粒の涙がいくつも落ちていました。

孵化後一週間とはいえ予断は許しません。ヒナはナオちゃんと名づけ、二四時間体制でお世話をしました。

そのかいあって、ナオちゃんはすくすくと育ちました。

来店するお客様もナオちゃんの成長ぶりをとても楽しみにされていました。

その後も順調に大きくなったナオちゃんは、そのうち施設の接客係として大活躍するようになったのです。老若男女わけへだてなく、だれの手にも乗り、とてもよい子、扱いやすい子と評判でした。


そんなナオちゃんには、お気に入りのお客様がいらっしゃいました。

お相手は小沢さんという女性。一、二カ月に一回くらいの割合で来店されるお客様でした。小沢さんは自宅でコザクラインコやオカメインコなどの小型インコを飼われていて、オオハナインコのような大きいインコはどちらかというと苦手なようでした。

しかし、ナオちゃんのほうはそんなことはおかまいなしに、遊んでほしいと近寄っていきます。客観的にみると、ナオちゃんの片想いのような感じでした。


しばらくして事情により私たちは約三年間生活した施設から、別の場所に引っ越しをすることになりました。これが、ナオちゃんにとっては大きな出来事だったようです。新しい場所は自然が豊かで環境はとてもいいのですが、交通の便があまりよくないため、まえの施設にくらべると、たずねてくるお客様の数が少なくなってしまいました。

それでもほとんどの鳥たちは、徐々に新しい環境にも慣れ、新しい生活を楽しんでいるように見えました。しかし、ナオちゃんだけはまったく慣れてくれません。はじめは時間が解決するだろうと思っていましたが、ナオちゃんはしだいに心を閉ざすようになってしまったのです。

以前のように、自分から人の手に乗ってくることがなくなりました。ケージから外に出そうとすると、口を大きくあけて威嚇《いかく》し、攻撃しようとしてきます。ケージをしばらく開けっぱなしにしていても、出てこようともしません。

いったいどうしたのでしょうか？　ナオちゃんになにがあったのでしょうか？

私たちにはその理由がまったくわかりませんでした。

ナオちゃんに対してはいろいろなことを試してみました。

ケージから外に出てもらうために、ナオちゃんの好物であるヒマワリの種を使って誘導したり、スタッフが交代でナオちゃんのケージの前で話しかけたり、いろいろなジャンルの音楽を聞かせたり、いろいろなおもちゃを与えたりしました。

しかし、ナオちゃんにとって有効な手だてはありませんでした。

しばらくすると私たちは「無理に出すわけにもいかないから、イヤなら出なくてもしかたないか……」と、ナオちゃんの意思を尊重して様子を見ることにし、やがて、ナオちゃんはケージから出てこないのが当たり前になってしまいました。

それから八年たって、私たちは以前いた施設のすぐ近くに、また引っ越すことになりました。そこは以前の施設から三〇〇メートルくらいしか離れていません。同じ場所に帰ってきたといってもいいくらいです。

この引っ越しに際して、ひとつ心配なことがありました。

そう、ナオちゃんです。

ナオちゃんは、前回の引っ越し後、なにかのきっかけで心を閉ざしてしまいました。また引っ越しをすることで、さらに心を閉ざしてしまうのではないかと、気がかりだったのです。

しかし、いざ引っ越しをすると、そんな予想に反して、ナオちゃんにはうれしい変化がありました。

ケージから自分で出てくるようになったのです。

そして、窓際に近づき、窓越しに見える川をずっと見つめています。この川は八年前にいた場所からも見えた、同じ川です。その様子は、まるで故郷をなつかしんでいるような感じでした。

ナオちゃんは少しずつですが、閉ざした心を開きはじめたのです。

そんなある日のことでした。

久しぶりに小沢さんが遊びに来られました。じつに八年ぶりでした。

小沢さんがいらっしゃったとき、ナオちゃんは私の手の上にいました。

施設にあらわれた小沢さんの姿を見ると、ナオちゃんはすぐさま反応し、首をのばして小沢さんのそばに行きたいというそぶりを見せたのです。

もしかして、小沢さんのことをおぼえている？　八年もブランクがあるはずなのに。

しかし、知能の高い鳥のことです。あり得ないことではないと私は思いました。

私はナオちゃんを手に乗せたまま、小沢さんのそばに近づきました。ナオちゃんはやはり小沢さんの手に乗りたそうにアピールしています。

私は小沢さんに言いました。

「ナオちゃん、手に乗りたいようですよ」

「えっ、そんなまさか。おぼえているわけないですよね？　だってもう八年以上も会っていないんだから」

小沢さんは、信じられないという態度をとられていました。

そうしているあいだにも、ナオちゃんは少しでも小沢さんの手のそばに寄ろうと、首をのばしたまま上下に動かして、乗りたい乗りたいと猛アピールをしています。

私は確信しました。

「ナオちゃん、小沢さんのことをおぼえていますよ」

小沢さんは困惑した表情を浮かべながら「本当ですか?」と、おそるおそる手を差し出しました。

ナオちゃんはまるで私の手の上を走るように通り抜け、小沢さんの手にとまりました。その表情はとても幸せそうで、心からリラックスしている様子。小沢さんの手の上で羽づくろいを始めました。

小沢さんも八年前にタイムスリップしたように、ナオちゃんをやさしく見つめます。

「鳥って本当に記憶力がいいのですね」

小沢さんは感心しきりでした。

「はい」

私も大きくうなずきながら、鳥たちの底知れない能力の高さを目のあたりにしてあらためて感動していました。

Chapter 9

おもてなしインコ

アタシが暮らす施設には、たくさんの仲間がいる。種類も施設の住人になったいきさつもそれぞれちがうけれど、アタシたちには共通していることがあった。

ひとつは、みんな人間のことが大好きだということ。

そしてもうひとつは、みんな生きがいをもっているということ。


施設では、ひとりひとりが得意なことや特質に合った仕事をもっていた。

施設きっての長老でもあるキエリボウシインコはみんなのとりまとめをする村鳥。施設の看板鳥でもあるオオバタンは広報部長。宣伝部長のアオメキバタンはバラエティー番組からもひっぱりだこで、有名な俳優さんと一緒にテレビＣＭに出たこともある。


そして、ネズミガシラハネナガインコ、別名セネガルパロットのアタシの仕事は、おもてなし。初めて来るお客様にリラックスしてもらうために、施設にいらっしゃったお客様をいちばんにお出迎えするの。だれとでも仲良くすることができるアタシにとって、おもてなしは天職みたいなものだった。

いまから一五年くらい前のこと。当時のショップでは、送迎用のワゴン車で鳥《とり》爺《じい》こと店長がお客様を送り迎えしていた。そのワゴン車に、アタシは営業部長のタローという犬の先輩と一緒に乗っていたの。

そうそう、タロー部長はすごい特技をもっていたわ。それは、一度会ったお客様のことをすべて覚えていたということ。初めて会うお客様の場合は、まずお客様の足元まで近づいて行ってにおいを嗅いで戻ってくる。二度目以降はただうれしそうにしっぽをふる。

店長はタロー部長の様子を見て、そのお客様が初めて来た方なのか、二度目以降なのか判別できたというわ。

これにはショップのスタッフもみん

な感心していた。

　ワゴン車の中のアタシの定位置は、運転席のわきにあるT字スタンド。動いている車の中でじっとしているのは結構技術がいるけど、アタシはそれがすごく得意だった。アタシはその技術を買われてワゴンガイドに抜擢されたんだから。

　ワゴンガイドの楽しみのひとつは、毎日外の景色が見られること。動いている車からの景色は、まるで空を飛んでいるみたい。それに、たくさんの人や車、建物、美しい花など、いろいろなものが見える。屋外に出ない飼い鳥には味わえない、ワゴンガイドの特権のようなものだった。

　もうひとつの楽しみは、「サプライズ」。犬と鳥が送迎車に乗っていることだけでもびっくりかもしれないけど、アタシも店長も、お客様をおどろかせたりよろこばせるのが大好きだったから、さらにこんなシナリオを用意していたの。

　お客様が送迎車に乗ってからしばらくするとT字スタンドにとまっているアタ

シの存在に気づく。すると「本物そっくり！」とか、鳥に詳しい人だと「セネガルパロットのヌイグルミはめずらしいですね」なんて言ってくれる。

そういうときはアタシはもう少しだけ、T字の止まり木で動かないでいる。そして、完全にヌイグルミだと思わせたあと、お客様が見ていないすきにほんのちょっとだけポーズを変えるの。しばらくしてポーズが変わったことにお客様が気づくと……。

「このインコ動いた！」

計画どおり。

気づかないときは、お客様が気づくまでポーズを変えるのよ。

運転手の店長も調子を合わせて、まじめな顔で「これは発売されたばかりのインコロボットなんですよ」なんて言うものだから、お客様もこちらの術中にまんまとはまって本気にしてしまう。

「よくできていますね。おしゃべりもするのですか？」

「この子はあまり上手じゃないですが……」

あら？　店長、それはあんまりじゃない？

こんな会話をしていると、あっという間に目的地のショップに到着。そして、車をおりる前に店長がタネあかしをするの。

「じつは、この子はロボットではありません。本物の鳥です。セネガルパロットのセネちゃんといいます」

このときのお客様のリアクションったら最高！

この一瞬のために私はワゴンガイドをしているといってもよかった。

そのあとは場所を変えて、こんどはショップの中でおもてなしの続きをする。

店内でのおもてなしも楽しかったけれど、本当は何度でも車に乗ってガイドをしたかったアタシは、店長の姿を見かけるたびに追いかけて肩にとまって、車に乗せてくれるよう頼んだ。でも、店内でもおもてなしの仕事があったから、アタシのガイドは一日一回、朝一番のお迎えのときと決められていたの。アタシが乗る便は別名「セネ号」とも呼ばれていて、アタシのガイド目当てに朝早く来てくれるお客様もいた。

本当に充実した毎日だったわ。


でも、あるとき店長にこんなことを聞いてきたお客様がいた。

「セネちゃんはストレスが溜まりませんか？」

ストレス？

どういうことかわからなくて、アタシは首をかしげた。そのお客様は、アタシが無理矢理ワゴンガイドの仕事をやらされていると思ったみたい。それを聞いて、アタシはずっと前に店長に聞いた話を思い出した。


昔、上野動物園に「おサル電車」という人気の乗り物があったの。

おサル電車というのは、先頭にお猿さんが乗ってお客様を乗せて園内を走る電車。でも、あるとき、お猿さんがかわいそうだとか動物虐待だという声があがって、結局おサル電車は廃止になってしまったんだって。

その後、そのお猿さんがどうなったかを聞いて、アタシは悲しくなった。その話によると、そのお猿さんは元気をなくして、しばらくしてから死んでしまったんだって……。

アタシには、そのお猿さんの気持ちがわかる気がした。

自分が電車の先頭に座ると、お客様はみんな楽しそうに拍手したり笑ったり、声援を送ったりして、よろこんでくれたはず。お猿さんにとってはそれこそが、自分が役にたっているんだという証しのようなものだったにちがいないもの。そんなに楽しいことってほかにあるかしら?

おサル電車がなくなってからは、お猿さんは生きる楽しみを奪われてしまったようなものだったんじゃないかしら。どうして廃止するの? って思ったことでしょう。お猿さんは、お客様をよろこばせるその仕事が好きだったにちがいないもの。

人間からみれば「働かされてかわいそう」なんて思われることもあるかもしれない。でも、それが虐待なのかどうかは本人にしかわからない。アタシみたいに、仕事が楽しくて生きがいになっていることもあるんだから、その場合は仕事を奪われてしまうことのほうが悲劇だもの。

すくなくともアタシが住んでいる施設では、みんな、人をよろこばせるのが大好きで、本当に幸せそうに、得意なことを披露したりお客様と遊んだりしている。


アタシたちのような飼い鳥は、どうしてもケージの中にいることのほうが多い。ケージの中は安全だし部屋の温度も快適で食事の心配もしなくていいけれど、退屈しやすい。一方で野生の鳥たちは、いつも危険と隣り合わせだけれど、空を自由に飛び回れる自由がある。

アタシたちはせいぜい部屋の中を飛び回ることしかできないから、生きがいをもつチャンスを奪わないで。アタシたちにとっては、何もしないでいることのほうがストレスなんだから。

そして、できればたまには外に連れ出してほしいの。街を行きかう人や車、屋外のにおい、新鮮な空気、お花や樹木と出会えるときが、アタシがワゴンガイドをやってよかったとよろこびをかみしめる瞬間でもあるから。

だって、アタシは鳥だもん。

Chapter 10

私の恋人

私と鳥爺《とりじい》の出会いは、さかのぼること一五年以上前のあるオークション会場でした。

私は毛引きをするオオバタンとして〝出品〟されていました。

大きな鳴き声にひどい毛引き。引き取り手が出てくるなんてだれも期待していない。この私自身でさえ、です。

でも、鳥爺と出会えた。

私の鳥人生はそこから大きく変わることになったのです。

いまや私は、保護施設の看板鳥・トキちゃんとして、本（『鳥のきもち』小社刊）まで執筆することになり、この業界ではちょっとした有名人?ですす（えっへん）。


鳥爺との出会いは、私の人生を一変させました。

そんな、運命を変えるような出会いがじつはもうひとつありました。

それが、彼女との出会いでした。


いまだからはっきり言いましょう。

一目惚れでした。

私がいまの施設に来てから三年後、私と同じ種類のすてきな女の子が引きとられてきました。彼女の名前は「トキポン」。私とちがって毛引きもせず、それはそれは美しい子でした。

こんな子が恋人、いや恋鳥になってくれたらいいなあ、といつも思っていました。私を知っている人は意外に思うかもしれませんが、私はシャイです。トキポンの近くに行っても、声をかけることができません。でも、トキポンへの想いは募るばかり。そんな悶々とした日々を過ごしていました。

そして、どうしても我慢ができず、鳥爺に相談しました。すると鳥爺はニヤッと意味ありげな笑みを浮かべ、「わかった」とだけ言いました。

翌日、鳥爺たちは木材を切ったりつないだりして、なにかを作りはじめました。私にはそれがなんなのかまったくわかりません。

やがて、私とトキポンは一緒の部屋にうつされました。部屋の中には、鳥爺たちが作ったものがいちばん高いところに備え付けられています。それは寝室（巣箱）だったのです。出来はあまり上手ではなかったけれど、私とトキポンのために用意してくれたんだと思うと、鳥爺たちの心遣いに感動しました。

トキポンと同室になった私は、さすがに緊張していました。一方的に好きになったトキポンに、私はどう接していいかわかりません。でも、このままずっと何も話をしないわけにはいかないので、私は勇気を出して声をかけました。

「どうしてここに引きとられたの？」

トキポンは最初戸惑っていましたが、この施設に来た経緯を話しはじめました。

鳥爺に引きとられるまで、さまざまなお店を転々と渡り歩いていた私とちがって、トキポンは同じペットショップでずっと生活していました。

トキポンはそこの店員さんたちにかわいがってもらっていました。とりわけ坂口さんという女性には、とてもよくしていただいたそうです。そのペットショップでは、食事もちゃんとバランスが考えられたものが出されていました。だから

私の恋人

トキポンは毛引きもせずに美しい羽根を保っていられたのでしょう。

でも、トキポンにはひとつだけ〝問題〟がありました。

鳴き声が大きかったのです。

私に言わせれば、それはトキポンにかぎったことではありません。鳴き声はインコ、オウム本来の習性です。それに、自慢じゃないですが、私のほうがもっともっと声は大きいです。

ただ、トキポンがいた店舗は集合施設の中だったので、トキポンの声は建物内に想像以上に大きく響き渡りました。たまに鳴く程度だったらそれほど大きな問題にはならなかったかもしれません。

しかし、トキポンはしだいに鳴き続けるようになってしまったのです。

トキポンが鳴きはじめると、ほかのお店やお客様に迷惑がかかってはいけないと、ペットショップの店長がすぐにトキポンのケージを叩いたりケージに布をかぶせたりしました。

一時的には鳴き声がとまるかもしれません。しかし、そんなやり方では時間がたてばふたたび鳴いてしまうのは当然でしょう。

鳥にとって鳴くことは仲間とのコミュニケーションのためや天敵から身を守るための警告であるほか、さびしさからといったことも考えられます。トキポンの鳴いている理由がわかれば、鳴き声を軽減する対策も見つかるはずでした。

でも、坂口さんたちにできることはかぎられていました。店長はトキポンが鳴く理由をつきとめようとはせず、鳴くとケージを叩いて一時的に黙らせるという、いたちごっこのようなことを続けました。


いつしかトキポンは、お店にとって〃お荷物〃になってしまっていたのです。

坂口さんはこの状況に非常に心を痛めました。

このままでは、トキポンの飼い主さんは永遠に見つからないかもしれない。

ここで暮らし続けるのは、トキポンの幸せにはならないかもしれない。

坂口さんは悩んだ末、行動を起こしました。店長を説得し、トキポンを私のいる施設へと連れてきてくれたのです。

トキポンはおよそこのような話をしてくれました。

トキポンも私もずっとペットショップ暮らし。おたがい境遇が重なることが多いので、私はトキポンの気持ちにとても共感していました。

私たちは毎日、いろいろな話をしました。笑ったり、ときには泣いたり……。

私のトキポンへの想いは、ますます強くなっていきました。

そんなある日のこと。

鳥爺がニコニコしながら私たちの部屋にやってくると、「今日、坂口さんがトキポンに会いに来るよ」と告げました。

ちょっと待って！　せっかくトキポンと親しくなってきたのに、邪魔してほしくないよ！

私は動揺していました。でも、トキポンの様子を見ると、坂口さんが来られることを聞いてとてもうれしそうにしています。こんなにウキウキした様子のトキポンを見るのは初めてでした。私は不安になりました。

その日の午後、坂口さんがたずねてきました。トキポンから聞いていた通り、とてもやさしそうですてきな女性です。トキポンは離れて過ごした月日を埋めるかのように、大きな声で坂口さんを呼んでいました。

坂口さんは私たちの部屋に入ってきました。

「トキポン！　元気だった？」

そして、トキポンと一緒にいる私にも「こんにちは」とあいさつしてくれました。久しぶりのトキポンとの再会に坂口さんは感じ入っている様子で、とてもあたたかいまなざしをトキポンに向けていました。トキポンも坂口さんの顔を見て、おだやかな表情を浮かべています。

次の瞬間、坂口さんの口から驚愕の言葉が飛び出しました。

「トキポン、私と一緒に帰る？」

私は一瞬息をのみました。そして、気づくと坂口さんの前に飛び出していました。

トキポンは渡さない！

私は羽根を広げて坂口さんの前に立ちはだかりました。からだを張ってでもトキポンを守る覚悟でした。もし、力づくでトキポンを連れていこうとするのであれば、私も力づくで阻止しようと思いました。

一触即発のような、緊張した空気が流れました。鳥爺は部屋の入り口のところで何も言わずに成り行きを見守っています。

どのくらいのあいだ、そうしていたかわかりません。しばらくすると坂口さんはフッと息を吐きました。よく見ると、坂口さんは笑っています。

「トキポン、よかったね」

そして、目に大きな涙を浮かべて言いました。

「トキちゃんと幸せになってね」

施設の役割は、飼えなくなった鳥を保護し里親を探すことですが、すべての鳥が新しい飼い主さんのもとへ行くわけではありません。鳥がそれぞれもっている事情や、その鳥の個性を尊重した結果、永久住民としてずっと施設で暮らす鳥もいます。私も永久住民として暮らす一羽です。

あとで鳥爺に聞いた話ですが、坂口さんは自宅にトキポンを迎える準備ができたので、もし、トキポンが施設でさびしそうにしていたらお迎えするつもりで来られたということでした。しかし、私がトキポンのことをからだを張って守る姿を見て、安心されたそうです。

トキポンの親代わりのような坂口さんに認めてもらえても、私にはまだ悩みがありました。

そう、まだトキポン本人へ想いを伝えられていなかったのです。

私は鳥爺に相談しました（男同士ということもあり、私の相談相手はいつも鳥爺です）。鳥爺の答えはシンプルでした。「男らしく告白しなさい」と。

それができたら悩んでいないのに。まるで他人事、いや、他鳥事だと思いましたが、たしかにそうすべきかもしれません。
私はだれかに背中を押してほしかったのです。

よし！　告白しよう。
私が意気込んで鼻息を荒くしていると、鳥爺が無農薬落花生をくれました。

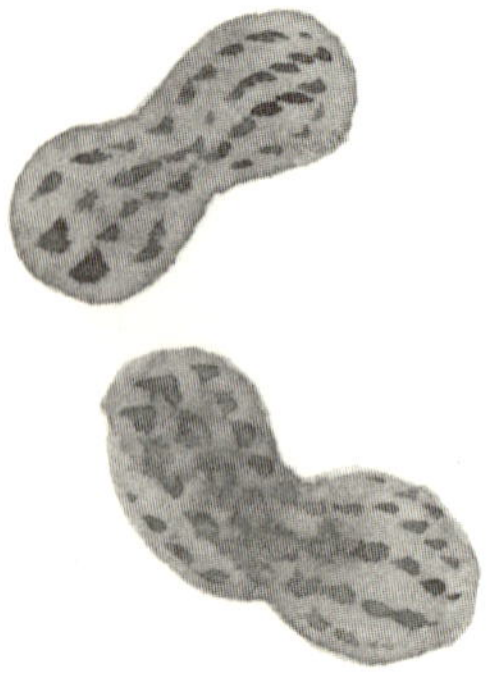

鳥爺曰く、落花生はオウムが愛を告白するときのバラの花束みたいなもので、必須アイテムだそうです。（ホントかな？）
私たち鳥は、相手に食べ物をプレゼントして愛を表現するのです。
小春日和ののどかな昼下がりは、施設にいるほかの鳥たちもあちこちでペアになり、愛を語り合っています。
いましかありません。私は落花生をひとつくちばしにくわえ、トキポンのくちばしの近くに持っていきました。

トキポン、さあ！　私の想いを受け取って！

でも、トキポンはなかなか落花生を受け取ろうとしませんでした。なにか考えているような感じでした。私の心臓はいまにも破裂しそうです。

トキポン、どうして？　考える必要あるの？

たった数十秒の間が、私には数十分くらいに感じました。

ふられた……と思った瞬間。トキポンは落花生を私のくちばしから受け取ってくれたのです。うれしさと安堵から、全身の力が抜けてしまいました。

それから私とトキポンは、急速に愛を育んでいきました。

しかし、幸せな日々はそう長くは続きませんでした。

じつはその後、トキポンは病気で急に亡くなってしまったのです。

トキポンがいなくなってから、私は魂が抜けたようになりました。ごはんものどを通りません。部屋から出ることもできなくなってしまいました。

そんな悲しみに沈む私を救ってくれたのは、施設にいるほかの仲間や鳥爺をはじめとするスタッフの人たち、そして施設に遊びに来てくれるお客さんたちでした。

よくも悪くも、私たち鳥は、知能が高く記憶力がいい動物です。悲しい記憶はいつまでも消えることはありませんが、それを幸せな思い出に変えることができるのも、私たちの特長と言えるかもしれません。

やがて私は悲しみを乗り越えて、また外の空間を飛び回れるようになりました。残念ながら私たちは子孫を残すことはできませんでしたが、トキポンと一緒に暮らしたというすてきな思い出を残すことができました。愛する人と過ごす日々は、かけがえのない宝物。トキポンが私に教えてくれた大切なことです。

この思い出と一緒に、トキポンの分まで生きていきたいと思います。

ありがとう！　トキポン。

Chapter 11

マイ ネーム イズ ミドリ

ミドリちゃんと名づけられたオキナインコを見て、私は複雑な思いを抱いていました。

飼い主さんのチャーリーさんは体格のいいカナダ人です。身長はゆうに一八〇センチを超え、体重も一〇〇キロを下回らないでしょう。

チャーリーさんは仕事で三年前に来日され、2LDKのマンションにひとり住まいされていました。日本語がとてもお上手です。子どものころから鳥好きで、来日してからすぐミドリちゃんを飼いはじめたそうです。

だれも知っている人がいない異国の地。チャーリーさんにとって、ミドリちゃんは心が通じ合う親友といっても過言ではなかったでしょう。

そんな大きな体格のチャーリーさんと、小さなインコのミドリちゃんの組み合わせに、私は好感をもっていました。ミドリちゃんを見るまでは……。

チャーリーさんから何度も連絡をいただき、ご自宅にお邪魔した私は、ミドリちゃんを見ておどろきました。

止まり木にとまったままぐるりと一周ターンをしたり、輪投げのように、小さな輪っかをくちばしでくわえて運んだり、次々と芸を披露してくれるのです。

それはまるでバードパークの鳥のショーを見ているような感じでした。

さらに、おしゃべりにもおどろかされました。

「Hello!」

「My name is Midori-chan」

「Good Night」

なんと、おしゃべりはすべて英語（いや、飼い主さんが英語を話すので、当然ですね）。
ミドリちゃんは、チャーリーさんが芸を促したわけでもないのに、私の姿を見るとみずから芸をしはじめました。芸をするとご褒美として、大好きなオヤツがもらえるということがわかっ

ているからです。

オヤツはヒマワリの種が中心でした。ヒマワリの種は発情を促す飼料と言われています。それが原因かどうかわかりませんが、ミドリちゃんは毛引きをしていました。発情によって毛引きをすることもあるのです。


しかし、チャーリーさんが私とミドリちゃんを引き会わせたかった理由は毛引きとはまた別にありました。

それは、ミドリちゃんを引きとってほしいという相談のためだったのです。チャーリーさんがアメリカに留学することが決まっていたためでした。


もう、ミドリちゃんと一緒に生活することはできない、とチャーリーさんは言いました。

「そんなことはないのでは？　何か方法があるはずです」と私なりに何度も説得しましたが、チャーリーさんの意思はかたく、ミドリちゃんを引きとってほしいという一点張りでした。

ミドリちゃんがふつう(?)のオキナインコであれば、鳥好きな方に里親になってもらうこともできるでしょう。しかし、ミドリちゃんは芸達者で毛引きをしているという事情を抱えています。

チャーリーさんはそのことを理解してくれる人に、里親になってほしいということで私を指名してきたようです。

さて、どうしようかと迷いました。

私はふと、本で読んだ上野動物園のゾウのトンキーの話を思い出していました。戦時中。空襲で動物園が破壊された場合、逃げ出した猛獣が人に危害を加えるおそれがあるとして、動物が処分されることになったのです。ライオンなどの猛獣は毒殺されました。しかし、繊細なゾウは毒薬を試すも毒入りの餌を決して食べようとしなかったそうです。苦悩の末、人間が選んだ方法は、ゾウたちを餓死させることでした。

そのなかの一頭、トンキーは、食事を与えられなくなってからというもの、飼育人を見ては芸をして、食べ物を要求したそうです。しかし、トンキーが餌をもらえることはなかったのです。永久に……。

この話を知ったとき、私は衝撃で涙がとまりませんでした。


ミドリちゃんとトンキーは状況がまったくちがうので、同じ土俵で論ずることではありません。ただ、行動をコントロールするためにオヤツで芸をさせたりすることに、私は疑問を感じていました。

もちろん、チャーリーさんもそんなつもりで芸を教えたのではないでしょう。しかし、ミドリちゃんの芸はあきらかにある一線を越え、行き過ぎと言わざるを得ませんでした。


しかし、困っているチャーリーさんとミドリちゃんをなんとかすることが先決だったので、わが家で引きとることにしました。

ミドリちゃんは飼い主や環境が変わっても、私たちの前で芸をしようとします。英語で話しかけてきます。でもわが家では芸のためのオヤツはいっさいあげませんでした。

ミドリちゃんは一生懸命私たちの前でターンを繰り返します。でも、何ももらえない――。しだいに、ミドリちゃんの顔に戸惑いと不満が浮かんできたように見えました。


そんなある日、私の実家から連絡がありました。

それは、私の父がガンのために下半身不随になってしまったという知らせでした。


私はすぐに父を見舞うために実家に帰りました。

寝たきりになった父は、慣れ親しんだ自分の部屋で介護を受けることを希望し、ひとり別室にいました。父をひとりきりにしないように、できるだけみなで様子を見に行きますが、こんどは父のほうが「気を遣うな」と私たちに言います。

そうは言っても、いつも冗談ばかりで人を笑わせる父でしたので、心の中ではきっとさびしいのではないかと気がかりでした。

そんなとき、「話し相手でもいればね……」という家族のひと言が、私にヒントを与えてくれました。

もともと父は鳥好きです。話し相手になる鳥がいたら、癒やされるのではないだろうか。私の頭にミドリちゃんがよぎりました。もしかしたら、父とミドリちゃんはすばらしい関係が築けるのではないだろうか。

善は急げ。私はすぐに父に話しました。

「引きとったばかりのインコがいるんだけど、里親になってくれないかな？」

病気で体調がとても悪いときもあるので、断られるかもしれません。

しかし父は「いいよ。連れておいで」と、あっさりとＯＫしてくれました。

どんな種類のインコで、どんな性格なのか、なぜ前の飼い主さんは手放したのかなどはいっさい聞いてきませんでした。何も聞かない父からは「任せなさい」と、そんな言葉が聞こえてくるようでした。

最初のころ、父とミドリちゃんはたぶんおたがいに戸惑っていたと思います。

ミドリちゃんが英語であいさつしても、父は日本語で返します。ミドリちゃんがターンをしても、父は言葉で褒めるだけ。父はただやさしく微笑んでいました。

そんなふたりの関係は徐々に親密さを増していきました。

父の部屋からは楽しそうな話し声や笑い声が聞こえてくるようになりました。

よ〜く耳を澄まして聞いてみると……、

「じいちゃ〜ん！」

母と思われるそっくりな声がすると、

「はい、なんですか？」

父が答えます。

ミドリちゃんが義姉に似た声で「じいちゃ〜ん！」と言うと、「ユキコ（義姉の名前）さん、なんですか？」と父が答えます。

ミドリちゃんは父の言葉ではなく、父が必ず返事をする母や、義姉の声をまねておしゃべりするようになっていたのです。

ミドリちゃんにとっても父は、かけがえのない存在になったのかもしれません。

気がつくと、ご褒美ほしさの芸はしなくなっていました。そして、羽根もきれいになりました。毛引きがとまったのです。

そんなすてきな時間はいつまでも続きませんでした。

父の容態が急変したのです。

父は救急車で病院に運ばれましたが、そのあいだミドリちゃんは「じいちゃ〜ん、じいちゃ〜ん」と何度も呼んでいました。

それから数日して父は病院で亡くなり、実家に帰ってきました。

ミドリちゃんも父との最期のお別れをしました。

それからはミドリちゃんは、母や義姉に似た声でおしゃべりすることは、いっさいなくなりました。

しかし、それからは父の声で、

「ばあちゃ〜ん」

「ユキコさ〜ん！」

としゃべるようになったのです。

それはまるで、父がそばにいるかのようでした。

父が亡くなってから、一〇年がたちます。

私がたまに実家に帰ると、別室で「ばあちゃゃ〜ん」「ユキコさ〜ん」と、父そっくりの声でミドリちゃんがおしゃべりをしています。

ミドリちゃんを通して、父はいつまでも私たちのそばにいて、見守ってくれているような気がします。

おわりに

最後までお読みいただきましてありがとうございました。

コンパニオンバードと呼ばれる鳥たちは、「永遠の二歳児」と呼ばれるように、成鳥になってても愛くるしくてかわいいものです。しかもそのなつき方は、まるで恋人のように全身で愛情を表現します。それは「永遠の恋人」のようです。

「永遠の二歳児」と「永遠の恋人」の両面をあわせもつ、このすてきなコンパニオン・アニマルに出会えたら、あなたの人生はとてもすばらしいものになるでしょう。

寿命が長いインコやオウムは、飼い主さんとともに人生を歩んでいきます。

ところが生きていく中で私たちにはいろいろなことが起こります。結婚、出産、引っ越し、転勤、病気、そして人はいつか亡くなります。そんなさまざまな出来事の中で、私たちは鳥たちとどう向き合っていけばいいのでしょうか。

いずれもいますぐのことではないかもしれませんが、この本の中に鳥とともに歩むヒントがあれば幸いです。

幸か不幸か、いつの時代にも〝ブーム〟があるようです。いまはまさに鳥のブームが来ているといっても過言ではありません。犬がブームのときは景気がいいとき、猫がブームのときは景気が悪いときと言われることがあります。では鳥はというと、「平和なとき」か、あるいは「平和を願う」ときにブームが起きているように思えます。

日本も含め世界のあちこちで平和を脅かすような出来事が起こっています。もしかしたらこの鳥ブームはいまが「平和を願う」ときであることのあらわれなのかもしれません。平和をブームという一過性の現象にしないためにも、平和で幸せな社会になることを願ってやみません。

最後になりましたが、この本のイメージにあったすてきなイラストを描いてくださったp-jetやべともこ様と、すてきな口絵写真を提供してくださった愛鳥写真家のおぴ～@とうもと様に心から御礼申し上げます。

そして、前著『鳥のきもち』と今回の『鳥のはなし』の編集をしてくださったWAVE出版の手島朋子様にはたいへんお世話になりました。私の拙文から「私のきもち」を上手に引き出し、総合的にこの本にまとめあげた手腕に心から敬意を表します。ほんとうにありがとうございました。

この本が「人・鳥・社会の幸せのために」少しでもお役に立てれば本望です。

この本の執筆中に、本文に登場したおもてなしインコのセネちゃんが一七年間の生涯を閉じました。ご冥福をお祈りするとともに、本書をセネちゃんに捧げます。

二〇一三年一〇月

松本壯志

◎おもな参考文献

小森厚『もう一つの上野動物園史』丸善　1997年
小嶋篤史『コンパニオンバードの病気百科』誠文堂新光社　2010年
八條智仁『大鸚哥養方集成』自費出版　1998年
黒田長礼『世界のオウムとインコの図鑑』講談社　1975年
高橋廣治『百羽百成　人口育雛法』泰文館　1940年
飯田基晴『犬と猫と人間と』太郎次郎社エディタス　2010年
さかざきちはる『ワンワンワン　捨て犬たちの小さなおはなし』WAVE出版　2002年
川端裕人『動物園にできること』文藝春秋　1999年
蒔田陽平『旭山動物園物語』角川文庫　2009年
山口花『犬から聞いた素敵な話』東邦出版　2012年
飯森広一『レース鳩0777』秋田書店　1978年
さくらまこ『復刻&改訂版　小鳥のお医者さん』TSUBASA出版　2012年
松本壯志　『鳥のきもち』WAVE出版　2011年
松本壯志　『インコのきもち』メイツ出版　2013年

◎協力

●TSUBASA
「人・鳥・社会の幸せのために」を理念に、飼い鳥のレスキュー活動をする団体です。
〒352-0005　埼玉県新座市中野2-2-22
TEL 048-480-6077　FAX 048-480-6078
http://www.tsubasa.ne.jp/
E-mail:tsubasa0615@gmail.com

●CAP!（Companion bird Amusement Park!）
CAP!は快適バードライフを応援します。CAP!の売り上げの収益で里親・里子・レスキューセンター「TSUBASA」を支援しています。
〒299-1607　千葉県富津市湊1235-37
http://www.cap.ne.jp/
E-mail:info@cap.ne.jp

●とり村
「とり村」とは、バードレスキュー団体TSUBASAが運営するインコ・オウム・フィンチの保護施設です。

とり村には次の施設があります。
・TSUBASA:飼えなくなって引き取った鳥たちの生活空間
・CAP!とり村店:鳥用品を販売する店舗
・バードラン:愛鳥家の飼い鳥同士と、愛鳥家同士の交流の場
・とりッず:鳥をモチーフにした作品を展示販売するレンタルスペース
※住所・連絡先はTSUBASAと同じです。

松本壮志　まつもと・そうし
1996年にコンパニオンバード専門店CAP!(キャップ)、2000年に飼い鳥のレスキュー活動をおこなう団体、TSUBASA(ツバサ)を設立。現在はCAP!及びとり村代表。飼えなくなったインコやオウムなどを引き取り、里親を探す活動をはじめとし、愛鳥家に向けたシンポジウムやセミナーなどを行う。
著書に『鳥のきもち―鳥と本音で通じ合える本』(小社刊)、監修に『インコ―長く、楽しく飼うための本』(池田書店刊)、『必ず知っておきたいインコのきもち』(メイツ出版刊)がある。

鳥のはなし
人と鳥の心温まる物語

2013年10月31日第1版第1刷発行

著　者　松本壮志
発行者　玉越直人
発行所　WAVE出版
〒102-0074
東京都千代田区九段南4-7-15ＪＰＲビル3F
TEL　03-3261-3713
FAX　03-3261-3823
振替　00100-7-366376
E-mail:info@wave-publishers.co.jp
http://www.wave-publishers.co.jp

印刷・製本　中央精版印刷

NDC 913 167p 19cm ISBN 978-4-87290-646-2